住房和城乡建设部"十四五"规划教材
高等学校土建类专业课程教材与教学资源专家委员会规划教材
高等学校智能建造专业系列教材

丛书主编　丁烈云

# 建筑产业互联网

Construction Industry Internet

钟波涛　主编
王广斌　王红卫　主审

中国建筑工业出版社

**图书在版编目（CIP）数据**

建筑产业互联网 = Construction Industry Internet / 钟波涛主编. -- 北京 ：中国建筑工业出版社，2024. 5. --（住房和城乡建设部“十四五”规划教材）（高等学校土建类专业课程教材与教学资源专家委员会规划教材）（高等学校智能建造专业系列教材 / 丁烈云主编）. -- ISBN 978-7-112-29931-7

Ⅰ. F426. 9

中国国家版本馆 CIP 数据核字第 2024QH1131 号

建筑产业互联网是新一代信息技术与建筑业深度融合形成的关键基础设施，也是发展建筑领域平台经济的重要载体。本教材理论研究与工程实践相结合，系统介绍了建筑产业互联网发展历程、概念内涵、体系架构、各类型建筑产业互联网及其案例，阐释了建筑产业互联网商业模式以及平台治理方法。

本教材既具前沿性又贴近行业实践，可作为高等学校智能建造、工程管理等相关专业本科生及研究生的教材与参考用书，也可为相关专业技术人员和管理人员提供参考。

为更好地支持相应课程的教学，我们向采用本书作为教材的教师提供教学课件，有需要者可与出版社联系，邮箱：jckj@cabp. com. cn，电话：（010）58337285，建工书院 https：//edu. cabplink. com（PC 端）。

总 策 划：沈元勤

责任编辑：牟琳琳　张　晶

责任校对：张　颖

住房和城乡建设部“十四五”规划教材

高等学校土建类专业课程教材与教学资源专家委员会规划教材

高等学校智能建造专业系列教材

丛书主编　丁烈云

**建筑产业互联网**

**Construction Industry Internet**

钟波涛　主编

王广斌　王红卫　主审

*

中国建筑工业出版社出版、发行（北京海淀三里河路 9 号）

各地新华书店、建筑书店经销

北京红光制版公司制版

天津安泰印刷有限公司印刷

*

开本：787 毫米×1092 毫米　1/16　印张：9½　字数：234 千字

2024 年 12 月第一版　　2024 年 12 月第一次印刷

定价：**40.00** 元（赠教师课件）

ISBN 978-7-112-29931-7

（42895）



如有内容及印装质量问题，请与本社读者服务中心联系

电话：（010）58337283　QQ：2885381756

（地址：北京海淀三里河路 9 号中国建筑工业出版社 604 室　邮政编码：100037）

# 高等学校智能建造专业系列教材编审委员会

# 出 版 说 明

智能建造是我国“制造强国战略”的核心单元，是“中国制造 2025 的主攻方向”。建筑行业市场化加速，智能建造市场潜力巨大、行业优势明显，对智能建造人才提出了迫切需求。此外，随着国际产业格局的调整，建筑行业面临着在国际市场中竞争的机遇和挑战，智能建造作为建筑工业化的发展趋势，相关技术必将成为未来建筑业转型升级的核心竞争力，因此急需大批适应国际市场的智能建造专业型人才、复合型人才、领军型人才。

根据《教育部关于公布 2017 年度普通高等学校本科专业备案和审批结果的通知》（教高函〔2018〕4 号）公告，我国高校首次开设智能建造专业。2020 年 12 月，住房和城乡建设部办公厅印发《关于申报高等教育职业教育住房和城乡建设领域学科专业“十四五”规划教材的通知》（建办人函〔2020〕656 号），开展了住房和城乡建设部“十四五”规划教材选题的申报工作。由丁烈云院士带领的智能建造团队共申报了 11 种选题形成“高等学校智能建造专业系列教材”，经过专家评审和部人事司审核所有选题均已通过。2023 年 11 月 6 日，《教育部办公厅关于公布战略性新兴领域“十四五”高等教育教材体系建设团队的通知》（教高厅函〔2023〕20 号）公布了 69 支入选团队，丁烈云院士作为团队负责人的智能建造团队位列其中，本次教材申报在原有的基础上增加了 2 种。2023 年 11 月 28 日，在战略性新兴领域“十四五”高等教育教材体系建设推进会上，教育部高教司领导指出，要把握关键任务，以“1 带 3 模式”建强核心要素：要聚焦核心教材建设；要加强核心课程建设；要加强重点实践项目建设；要加强高水平核心师资团队建设。

本套教材共 13 册，主要包括：《智能建造概论》《工程项目管理信息分析》《工程数字化设计与软件》《工程管理智能优化决策算法》《智能建造与计算机视觉技术》《工程物联网与智能工地》《智慧城市基础设施运维》《智能工程机械与建造机器人概论（机械篇）》《智能工程机械与建造机器人概论（机器人篇）》《建筑结构体系与数字化设计》《建筑环境智能》《建筑产业互联网》《结构健康监测与智能传感》。

本套教材的特点：（1）本套教材的编写工作由国内一流高校、企业和科研院所的专家学者完成，他们在智能建造领域研究、教学和实践方面都取得了领先成果，是本套教材得以顺利编写完成的重要保证。（2）根据教育部相关要求，本套教材均配备有知识图谱、核心课程示范课、实践项目、教学课件、教学大纲等配套教学资源，资源种类丰富、形式多样。（3）本套教材内容经编写组反复讨论确定，知识结构和内容安排合理，知识领域覆盖全面。

本套教材可作为普通高等院校智能建造及相关本科或研究生专业方向的课程教材，也可供土木工程、水利工程、交通工程和工程管理等相关专业的科研与工程技术人员参考。

本套教材的出版汇聚高校、企业、科研院所、出版机构等各方力量。其中，参与编写的高校包括：华中科技大学、清华大学、同济大学、香港理工大学、香港科技大学、东南大学、哈尔滨工业大学、浙江大学、东北大学、大连理工大学、浙江工业大学、北京工业大学等共十余所；科研机构包括：交通运输部公路科学研究院和深圳市城市公共安全技术研究院；企业包括：中国建筑第八工程局有限公司、中国建筑第八工程局有限公司南方公司、北京城建设计发展集团股份有限公司、上海建工集团股份有限公司、上海隧道工程有限公司、上海一造科技有限公司、山推工程机械股份有限公司、广东博智林机器人有限公司等。

本套教材的出版凝聚了作者、主审及编辑的心血，得到了有关院校、出版单位的大力支持，教材建设管理过程严格有序。希望广大院校及各专业师生在选用、使用过程中，对规划教材的编写、出版质量进行反馈，以促进规划教材建设质量不断提高。

中国建筑出版传媒有限公司

2024 年 7 月

# 前　言

建筑产业互联网是物联网、大数据、图形计算等新一代技术在建筑领域的普及和应用。它是一种全新的服务模式，也已得到行业人士青睐。不同于消费互联网面向消费者的个性化需求，建筑产业互联网利用物联网等技术，将人与人之间的关系扩展至人与物、物与物的关系，建立人机互联互通，实现全面感知、多态感知，进而服务于建筑行业。

建筑产业互联网是产业互联网思维在建筑领域的应用，通过运用物联网、大数据等信息技术，整合人力、金融、信息、物流、管理等资源，构筑一种全新的经济平台，形成围绕产品的平台型社群；通过对建筑工程全要素、全过程、全产业链的人-机-物的泛在感知、互联互通，构建支撑工程大数据管理、建模与分析、决策优化、反馈控制的数字化中心，实现基于数字孪生体的全周期生产运作协调优化和基于竞合共生生态的全价值链共享共赢，深化全产业互联互通，推动建筑行业全产业链的转型升级。

2015 年，《国务院关于积极推进“互联网＋”行动的指导意见》（国发〔2015〕40 号）和《国务院关于印发促进大数据发展行动纲要的通知》（国发〔2015〕50 号），明确提出要利用“互联网＋”促进产业转型升级的发展路径；2016 年，“发展现代互联网产业体系”正式被纳入《中华人民共和国国民经济和社会发展第十三个五年规划纲要》和《2016—2020年建筑业信息化发展纲要》，旨在利用大数据、物联网等技术助力产业转型升级；2020 年，住房和城乡建设部等部门印发的《关于推动智能建造与建筑工业化协同发展的指导意见》将“建筑工业化、数字化、智能化水平显著提高，建筑产业互联网平台初步建立”作为发展目标，并将“加快打造建筑产业互联网平台”“推进工业互联网平台在建筑领域的融合应用，建设建筑产业互联网平台，开发面向建筑领域的应用程序”作为重点任务。

建筑产业互联网时代刚刚拉开序幕，在技术、应用、商业模式、治理模式方面均处于探索阶段。在云平台、物联网、人工智能、移动互联网等新技术的推动下，建筑产业互联网的发展得到政府和业界的重视。为加速建筑产业互联网发展，必须明确建筑产业互联网技术集合，开发新的应用场景，探索新的商业和治理模式，以促进政府、建设单位、勘察设计单位、施工单位、材料设备供应商等产业主体的大力协作，形成共创共享的新生态，助力建筑产业互联网平台模式的推广。

本教材从互联网等技术要素入手，将产业互联网应用于建筑领域，从技术、应用等多个维度阐述建筑产业互联网。第 1 章通过系统全面地阐释建筑产业互联网的发展背景，让读者了解什么是建筑产业互联网、建筑产业互联网的发展基础是什么，以及建筑产业互联网对建筑产业转型升级产生的影响；第 2 章主要对工业互联网、产业互联网和建筑产业互联网的内涵作深入剖析，阐述三者的兴起和发展，让读者知晓三者分别是什么以及内在的关联；通过分析建筑产业互联网体系架构，让读者掌握建筑产业互联网在不同维度下的布局；通过对建筑产业互联网平台和平台型组织的学习，进一步了解建筑产业互联网平台会对产业应用产生怎样的创新推动作用；第3章从网络、数据和安全三个维度对建筑产业互联网的技术要素进行介绍，阐述建筑产业互联网基础技术的概念及发展历程，归纳各种技术在建筑业中的应用，让读者了解新一代信息技术是如何作用于建筑产业互联网，并为建筑产业互联网的开发提供技术支撑；第4章从建筑产业互联网的人力、物资、资金和知识四个维度资源的整合以及监管的角度出发，分别介绍建筑产业工人、集采、金融、知识服务平台以及监管平台，通过阐述这五类代表性平台的建设，并结合案例展示其应用现状，引导读者思考如何借助平台建设助力建筑业高质量发展；第5章主要介绍建筑产业互联网的商业模式与生态系统，在介绍商业模式发展阶段及其代表理论的基础上，阐释建筑产业互联网商业模式创新的特征与类型，进而从构成、价值共创以及创新演化几个方面剖析建筑产业互联网生态系统，提出在新的发展环境下产业的变革方向；第6章针对建筑产业互联网平台发展所面临的一系列治理问题，阐述了建筑产业互联网平台治理的概念、多元主体、关键议题以及治理模式与手段等内容。

本教材由华中科技大学钟波涛担任主编，重庆大学叶堃晖和中建电子商务有限责任公司陶峰担任副主编，同济大学王广斌和华中科技大学王红卫老师担任主审。

本教材感谢“十四五”国家重点研发计划项目：工程建造云边端数据协同机制与一体化建模关键技术（2022YFC3801700）支持。

由于作者水平有限，书中难免存在不足之处，敬请读者和同行批评指正。

# 目　录

# 1 绪论

【知识图谱】

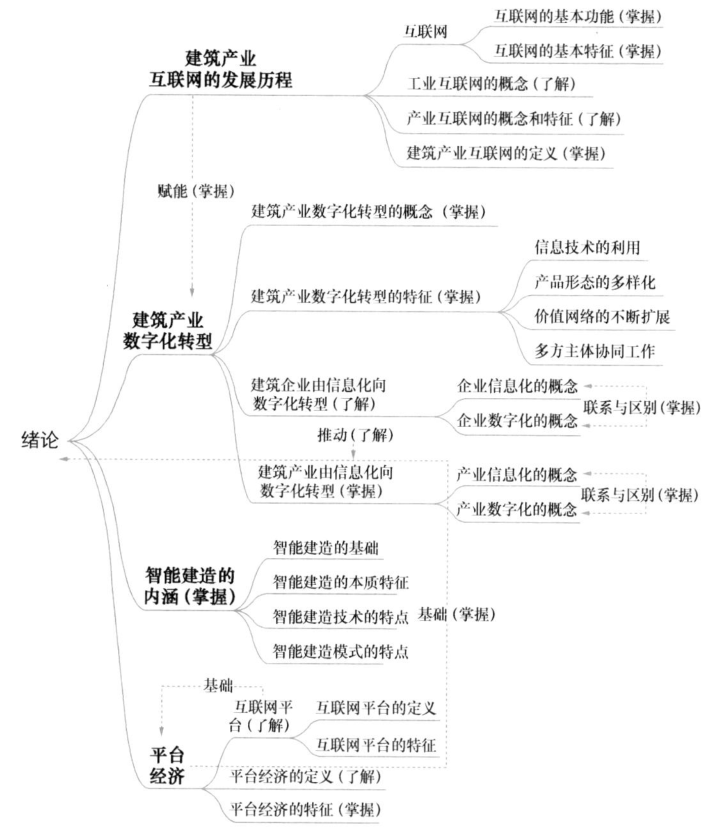


【本章要点】

知识点1. 建筑产业互联网的发展历程。

知识点2. 建筑产业数字化转型的概念和特征。

知识点3. 智能建造的内涵。

知识点4. 平台经济的定义和特征。

【学习目标】

（1）了解产业互联网的兴起和发展。

（2）理解建筑产业数字化转型的背景和内涵。

（3）掌握智能建造的定义与内涵。

（4）了解平台经济的发展和价值。

## 1.1 建筑产业互联网的兴起与发展

以数字化、网络化和智能化为标志的新一轮科技革命为建筑业的发展带来新机遇，促使建筑业转型升级。互联网在生产、生活等方面的加速融合形成了以产业互联网为典型代表的互联网新形态。随着产业互联网在建筑领域的应用与发展，建筑产业互联网逐渐兴起并得到重视和应用。建筑产业互联网利用新一代信息技术对建筑产业链上的全要素信息进行采集、聚合和分析，优化建筑行业全要素配置，促进全产业链协同发展，推动建筑业高质量发展。

### 1.1.1 互联网与产业互联网

互联网是一种全球性的通信网络，它以网络通信协议为基础，由数以亿计互联的计算设备、通信链路和分组交换设备构成，可以实现信息交换、资源共享、分布式处理、集中管控等功能。互联网具有开放、平等、协作、共享等特征，深刻影响着人类的生活方式。同时，互联网作为一种工具，已被越来越多的企业所利用，并为传统产业注入新动力，推动产业变革，助力企业实现新的突破。

#### 1. 互联网的基本功能

互联网是生产和生活不可或缺的重要元素，具有多种基本功能，其基本功能如下：

（1）信息交换。通过检索和获取信息（查阅、阅览等）、发布信息（广告、娱乐等）以及共享信息（社交媒体、网络社区等），人们可以在互联网上进行跨越时空的信息交换。因此，信息交换是互联网最重要的功能。

（2）资源共享。互联网为人们提供了一个既便捷又低成本的资源共享平台。通过互联网，人们可以即时共享各种信息和资料，共享计算机软件、硬件、数据和外部设备等资源。

（3）分布式处理。分布式处理强调通过互联网将终端设备连接起来，并将程序在各个终端设备上同时运行。分布式处理的典型应用包括云计算和边缘计算等。

（4）集中管控。互联网可以连接分散对象，开发集中管控系统，实现实时管理和控制，如办公自动化管理信息系统、政府部门宏观经济决策系统和基于互联网和大数据的社会综合治理系统等。

#### 2. 互联网的基本特征

互联网的基本属性是技术属性，具有开放、平等、协作和共享等基本特征。

（1）开放：互联网可以实现互联互通，消除信息隔阂，进而建立开放的平台。企业不仅要聚焦于企业内部，更要经营产业生态或在产业生态中谋求与其他企业的共生路径。

（2）平等：平等包括去中心化、去权威化和去等级化。互联网能够有效帮助企业从传统科层式的管理体制转变为扁平化管理。企业实行扁平化管理可以消除权威，使员工之间从上下级管理关系转变为分工合作关系，提高信息透明度和减少信息不对称。

（3）协作：传统生产主要面向企业内部，更多地关注企业经营劣势，主要考虑如何弥补企业自身短板，但在现代化生产的背景下，应更多地面向企业外部，发挥企业经营优势，在优势领域集中资源突破，在非优势领域选择外部协作，整合并利用好优势资源，实现企业间和行业内的协作。

（4）共享：共享意味着分享、免费和普惠。互联网可以使产品生产的边际成本大大降低，为各种产品或服务的分享创造了可能。同时，互联网上存在着大量的虚拟资源，这些虚拟资源很多都可以通过互联网免费获取及使用。在分享和免费的基础上，越来越多的人在互联网的普及和发展中受益，普惠成为互联网属性的又一重要内容。

3. 产业互联网的起源和发展

互联网源于20世纪60年代末和70年代初，当时的一系列科技发展和理论构想为互联网的兴起奠定了基础。1969年，美国国防部高级研究计划署（ARPA）启动ARPA-NET计划，旨在建立一个能够在多个计算机之间共享信息的网络。这项成果被认为是互联网的雏形，其连接了几个大学和研究机构的计算机，使它们能够互相通信和交换数据。1989年，蒂姆·伯纳斯-李（Tim Berners-Lee）提出了一种新的信息管理系统，通过发明超文本传输协议（HTTP）和超文本标记语言（HTML）创建了第一个网页和浏览器。这一发明标志着互联网从一个纯粹的数据传输网络演变为一个内容丰富的信息平台。

20世纪90年代，互联网进入商业化发展阶段，出现了诸如AOL、Yahoo、Amazon等互联网公司。这些公司开始提供电子邮件、网上购物等服务，为互联网用户带来更多便利。此后，人们开始在互联网上购物、支付和社交，消费互联网逐渐兴起。消费互联网是指在互联网和信息技术的支持下，以满足消费者的个性化需求和提供高效便捷服务为核心目标的一种消费模式。消费互联网通过互联网和移动互联网技术，将消费者与商家、服务提供者等连接起来，实现信息的共享、交流和便捷的交易流程。

消费互联网涵盖了许多领域，包括电子商务、在线支付、移动应用、社交媒体、共享经济等。通过电子商务平台，消费者可以在线购买商品和服务，实现线上、线下的交易；在线支付提供了方便快捷的支付方式，使消费者能够随时随地完成交易；移动应用让消费者能够通过手机轻松获取信息和使用服务；社交媒体则为消费者提供了分享消费经验、获取产品评价和推荐的平台；共享经济则提供了共享出行、共享住宿等多样化的消费选择。消费互联网的出现为消费者带来了更加便捷、高效和个性化的消费体验。同时，它也促进了商家和服务提供者的创新，推动了商业模式和营销策略的转型。

随着信息技术和互联网的迅速发展，各行各业积极探索数字化转型和信息化升级。在制造业领域，得益于适宜的生产环境（厂房、机床、机械控制等），互联网等信息技术与生产领域的结合可以为传统制造业带来新的机遇，企业日益关注数字化生产和智能制造的概念，并意识到数字化技术和互联网的应用可以为工业生产带来发展潜力。通过物联网技术，可以实时采集和传输大量数据，使得传感器和设备可以实现互联互通。互联网、云计算和区块链等技术的发展使大数据的存储、分析和应用成为可能。大数据在工业生产中尤为重要，可以帮助企业更好地监测设备状态、优化生产流程和预测维护需求，逐渐被运用在生产活动中。另外，市场竞争的日益激烈和全球化的发展也促使制造业企业寻求更加高效、智能的生产方式。工业互联网为企业提供了更大的实现生产灵活性、生产定制化和资源优化的机会，帮助企业更好地适应市场需求和提高竞争力。因此，在新一轮科技革命的推动与制造领域内生需求的背景下，工业互联网应运而生。

2012年11月，美国通用电气公司（GE）发布了《工业互联网：打破智慧与机器的边界》白皮书，首次提出工业互联网（Industrial Internet）的概念，其本质和核心是通过工业互联网把设备、生产线、工厂、供应商、产品和客户紧密地连接融合起来，帮助制造业拉长产业链，实现跨设备、跨系统、跨厂区、跨地区的互联互通，推动制造业和服务业之间的跨越式发展，使工业经济各种要素资源能够高效共享和利用。随着智能系统和智能决策在企业中的逐步推进，工业生产当中的传统机器、设备、机组和网络，将被这些新兴的互联网技术和设备重塑，通过数据传输、多数据应用和数据分析，重新整合在一起，创造一个称为“工业互联网”的新时代。我国工业互联网产业联盟于 2020 年 4 月发布的《工业互联网体系架构（版本 2.0）》中提出，“工业互联网作为全新工业生态、关键基础设施和新型应用模式，通过人、机、物的全面互联，实现全要素、全产业链、全价值链的全面连接，正在全球范围内不断颠覆传统制造模式、生产组织方式和产业形态，推动传统产业加快转型升级、新兴产业加速发展壮大”。工业互联网是通过物联网将各种信息传感设备与互联网组合起来而形成的一个巨大网络，实现了万物互联的新的互联网形式，简单来讲就是用于工业的传统互联网与新兴物联网的结合。当然，工业互联网的概念范畴远不止这些，还在不断拓展与发展当中。

产业互联网是工业互联网的延伸，二者在英文上出处相同，都是来源于通用电气公司（GE）提出的“Industrial Internet”。产业互联网是数字时代各垂直产业的新型基础设施，由产业中的骨干企业牵头建设，以共享经济的方式提供给产业生态中广大的从业者使用。通过从整个产业链的角度进行资源整合和价值链优化，从而降低整个产业的运营成本，提高整个产业的运营质量与效率，并通过新的产业生态为客户创造更好的体验和社会价值。产业互联网具有有效连接、网络协同及五流合一的特征；产业互联网综合应用互联网、物联网、人工智能、区块链等数字科技手段，促进人、机、物全面互联，有效解决传统供应链中信息不对称、供需不匹配、市场不确定等问题；产业互联网解构和重构传统供应链，创造全新的商业模式，并优化利益共享机制，引入更多生态合作伙伴，构建多主体协作、多资源汇集、多机制联动的生态服务体系；产业互联网也是产品或服务相关信息、商品货权或服务价值、商品实物、资金、碳排放信息等要素流动的集成服务载体。图 1-1 展示了互联网的发展历程和各个时期的代表性产物。

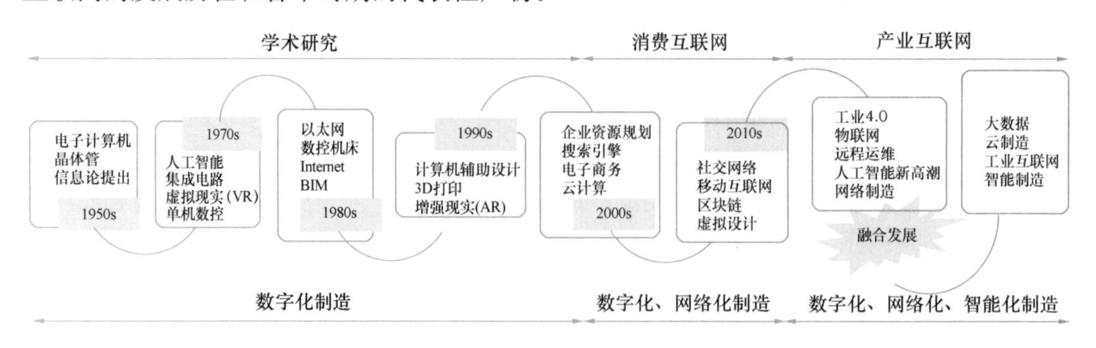


图 1-1 互联网发展历程

随着互联网技术、5G、人工智能、大数据等新一代信息技术在不同产业中得到广泛而深入的应用，产业互联网的发展顺应时代趋势，并逐渐向生产、制造、供给端进行延伸，同时，也对建筑业产生重要影响，建筑产业互联网应运而生。

### 1.1.2 建筑产业互联网的兴起

建筑产业互联网是工业互联网在建筑行业这一垂直领域的延伸，它继承了互联网开放、平等、协作、共享的属性。本教材将建筑产业互联网定义为：以“互联网＋物联网”广泛连接，深度融合为技术驱动，通过对建筑工程全要素、全过程、全产业链的人-机-物的泛在感知、互联互通，构建支撑工程大数据管理、建模与分析、决策优化、反馈控制的数字化平台，实现基于数字孪生体的全周期生产运作协调优化和基于竞合共生生态的全价值链共享共赢。建筑产业互联网有利于促进建筑业向数字化、网络化、智能化方向发展，加速工程建造模式、产品服务模式、商业模式的创新变革，提高全产业链整体效益水平，推动整个行业实现高质量发展。

为推动建筑产业互联网平台的发展，国家有关部委积极出台激励和指导政策。2020年，住房和城乡建设部等部门印发的《关于推动智能建造与建筑工业化协同发展的指导意见》（建市〔2020〕60号，以下简称《意见》）提出，到2025年，我国智能建造与建筑工业化协同发展的政策体系和产业体系基本建立，建筑工业化、数字化、智能化水平显著提高，建筑产业互联网平台初步建立，产业基础、技术装备、科技创新能力以及建筑安全质量水平全面提升，劳动生产率明显提高，能源资源消耗及污染排放大幅下降，环境保护效应显著。《意见》特别指出：推进工业互联网平台在建筑领域的融合应用，建设建筑产业互联网平台，开发面向建筑领域的应用程序是重点任务之一。2022年，住房和城乡建设部印发的《“十四五”建筑业发展规划》（建市〔2022〕11号）提出，加大建筑产业互联网平台基础共性技术攻关力度，编制关键技术标准、发展指南和白皮书；开展建筑产业互联网平台建设试点，探索适合不同应用场景的系统解决方案，培育一批行业级、企业级、项目级建筑产业互联网平台，建设政府监管平台；鼓励建筑企业、互联网企业和科研院所等开展合作，加强物联网、大数据、云计算、人工智能、区块链等新一代信息技术在建筑领域中的融合应用。

在建筑产业互联网蓬勃发展的背景下，许多建筑企业开始在生产经营中探索基于平台经济的企业转型模式，为建筑产业互联网平台的搭建创造了良好的发展环境。建筑产业互联网平台具有覆盖范围广、参与主体多、技术要素复杂和前期投入大等特点。因此，由大型设计、建设和施工企业牵头构建的建筑产业互联网平台涉及集采、金融和监管等多领域。此外，一些中小企业也在进行积极参与搭建建筑产业互联网平台。

## 1.2 建筑产业互联网与建筑产业数字化转型

加快传统产业数字化转型升级和数字赋能，是深化供给侧结构性改革的重要任务，也是实现传统产业质量提升、效率提高和动力增强的关键途径。在这一背景下，积极促使新一代信息技术与建筑领域深度融合，通过运用BIM、5G、物联网、区块链、人工智能等技术推动建筑产业数字化，大力建设面向行业发展的建筑产业互联网平台。

### 1.2.1 建筑业数字化转型是大势所趋

建筑业是我国的支柱产业之一。2023年，我国建筑业总产值315911.85亿元，同比增长5.77%；建筑业是一个传统行业，在2018年，我国建筑信息化占总产值的比例仅为0.08%，而在世界某些发达国家投入可达1%，行业整体数字化水平相对落后。当前，建筑业正面临着高质量发展的压力，“高能耗、高污染、低效率”、“大而不强”、质量安全事故频发、劳动力老龄化、管理水平落后等挑战日益突出。从需求侧来看，传统粗放经营模式下的问题日渐显现。过去建筑业企业的业绩增长受益于宏观政策和固定资产投资拉动，发展方式呈现了依靠人力资源、生产资源不断投入的规模扩张模式，整体毛利率低、盈利能力较弱。面对国家的经济调整，建筑业产值增速逐步放缓，利润空间遭受挤压。据中国建筑业协会发布的《2023年建筑业发展统计分析》数据，2023年，全国建筑业企业实现利润8326亿元，比上年增加0.2%；建筑业产值利润率（利润总额与总产值之比）为2.64%，比上年降低0.17%，连续五年下降，连续三年低于3%。

面对日渐趋严的竞争态势，建筑业亟需产业转型与管理变革。以数字化、网络化和智能化为特征的新一代信息技术开启了人类新一轮科技变革。现代信息技术积极催生新兴产业，助力改造提升传统产业，深刻影响社会变革，同时也为工程建造的转型变革带来了新机遇。例如，BIM技术使得建筑设计实现数字化、三维化；物联网技术将传感器和设备连接起来，实现建筑设备的智能化和互联互通；区块链技术可以为建筑全生命周期的信息管理搭建可靠的平台，有效解决信息保密性不强、数据来源追踪困难等难题；自动化施工机器人、无人机测绘、3D打印等技术的应用可以提高施工速度、减少人工错误，并提高工程质量；互联网平台为建筑业提供了信息共享、交流协作和优化提升的机会，促进了建筑参与者的互动和合作。从建筑工程建造产业链来看，建筑业向建筑产业数字化、智能建造方向转型已是大势所趋，数字化、智能化、智慧化已成为全球建筑产业未来发展的主要方向。在全球数字经济蓬勃发展的时代背景下，建筑行业需要把握契机，以数字化、智能化为新动能，推动产业转型升级。

近年来，国家层面相继出台相关政策，助力建筑业转型升级。2020年7月，住房和城乡建设部等部门印发的《关于推动智能建造与建筑工业化协同发展的指导意见》（建市〔2020〕60号）指出，要以大力发展建筑工业化为载体，以数字化、智能化升级为动力，加大智能建造在工程建设各环节的应用，形成涵盖科研、设计、生产加工、施工装配、运营等全产业链融合一体的智能建造产业体系；2022年1月，住房和城乡建设部印发的《“十四五”建筑业发展规划》提出，“十四五”时期，我国要初步形成建筑业高质量发展体系框架，建筑市场运行机制更加完善，工程质量安全保障体系基本健全，建筑工业化、数字化、智能化水平大幅提升，建造方式绿色转型成效显著，加速建筑业由大向强转变。

在数字化技术发展与国家宏观政策方向共同作用下，建筑产业亟需向数字化转型，这既是建筑企业应对变革的内在要求，也是建筑产业实现高质量发展的必经之路。

### 1.2.2 建筑产业数字化转型

#### 1. 建筑产业数字化转型的概念和特征

建筑业数字化转型是以数据为关键要素，推动建筑业完成全要素、全参与方、全生命周期的数字化变革，从而提升建筑业生产力水平，引导建筑业向高质量、可持续的方向发展。

数字化转型的本质是利用新一代信息技术推动行业或企业原有组织架构、业务流程、商业模式等方面的变革，提升新环境下行业或企业的管理和服务能力，进而形成新的价值创造路径。下面将从技术、产品、价值、主体四个维度阐述建筑产业数字化转型的特征：

（1）信息技术的利用

随着建筑领域信息技术设施的逐步发展和数据治理体系的完善，普及的传感装置与广泛的传输网络将驱动着建筑行业从构件的个体到整体，从设计环节至运维阶段的全面感知和互联。这种变革将优化建筑质量和成本的控制，提升安全管理及风险控制的效能。BIM、物联网、大数据和人工智能等技术正逐渐融入工程项目的设计、施工和运维中，不仅能增强项目生产能力和管理水平，同时也将创造丰富的数据资源池，驱使决策从经验导向转变为数据导向。

（2）产品形态的多样化

数字化转型将塑造建筑业产品形态的变革，这表现为从实物产品向“实物＋数字”产品的演变。传统建筑业以实物交付为主，然而在数字时代，基于 BIM 的数字化交付有助于促进建筑产业链的一体化协同过程。此外，传统建筑业因其基于项目的固有属性，项目交付意味着服务的终结，因此服务方式单一，模式具有一次性。随着数字化转型的推进，建筑行业的产业链协同将创造更多多元化服务的机会。

（3）价值网络的不断扩展

在物联网时代，数据积累将构建丰富的数字资产，从而催生新的价值增长机遇。对于建筑业而言，数字资产作为新的生产要素，具有无形资产属性，可长期重复利用，带有资产保值增值功能等特征。它能够在新的价值网络中流通，从而实现资源在数据循环中的最优配置，成为未来建筑业的核心竞争力之一。

（4）多方主体协同工作

建筑产业数字化转型将不同的参与方集结在一个数字平台上，包括设计师、工程师、承包商、供应商和业主等，促进了协作和信息的实时共享。这种多方参与的协同有助于减少信息壁垒、提高透明度，并加速项目的进程。

**2. 建筑产业由信息化向数字化发展**

工程建设数字化给企业的软硬件配置控制、技术管理、人力资源等提出更高的要求，促进了企业信息化发展。随着信息化技术的广泛深入运用，从收集、分析数据向预测数据、经营数据延伸，企业由信息化走向数字化转型，这是一个循序渐进的过程。

企业信息化是指企业面向企业整体管理水平和持续经营的能力，通过计算机技术的部署来提高企业的生产运营效率，不断降低运营风险和成本。而企业数字化是指企业利用数字化技术，将企业生产经营的部分环节甚至整个业务流程的信息数据全部整合起来，形成有价值的数字资产，通过大数据、云计算等处理技术反馈有效信息，最终赋能到企业商业价值的过程。

对于企业来说，信息化是数字化的子集，实现信息化只是完成了数字化的一部分工作，全面的信息系统建设是广义数字化的基本前提。企业的信息化与数字化主要有以下区别：

（1）企业的信息化侧重于业务信息的搭建与管理，注重提高生产力。数字化则侧重于产品领域的资源形成与调用，更强调技术与业务的融合，注重提升整体生产关系。

（2）在信息化阶段，企业的组织模式和架构基本保持不变。在数字化阶段，大量的数据采集、运算、反馈过程是自动、扁平发生的，直接指令到事，指挥到人，绕开了传统的授权模式，打破了企业的组织结构。因此，数字化意味着对传统思维模式和业务模式的重塑。

（3）企业的信息化一般基于简单的数据记录，只有统计没有深入分析。相比之下，数字化则是通过算法，发现数据之间的关联性，建立最优的输入输出模型，实现了真正的数据分析。

（4）企业进行信息化建设也相对简单，一般是在通用的产品基础上加上适当的定制化。但企业进行数字化建设却复杂得多，需要从调研企业的数字化战略开始，重建企业适应数字化生存的新商业模式，适应数字化员工的新管理模式，在此基础上，再构建出适合自己企业的技术平台、数据平台等。

综上所述，信息化为企业提供了支持和工具，而数字化则从根本上颠覆了传统的商业模式和组织结构。企业是产业转型升级的主体，企业信息化、数字化转型是数字经济发展的微观基础。随着建筑企业由信息化向数字化转型，建筑产业也逐渐由信息化向数字化转型。对于建筑产业来说，数字化和信息化是一对既紧密相连、又有所不同的概念。产业信息化是指以信息技术改造和提升产业，围绕“四流三周期”，即物流、资金流、业务流、价值流和产品生命周期、企业生命周期、产业生命周期，构造以信息化带动其他要素流动的产业关联，对资源优化配置、整合，对过程优化重组，通过信息技术提高流程效率、降低运营成本。它的运行核心是企业的信息化，其目标是减少产业成本，防范和减少不确定性。产业数字化是指在新一代数字科技的支撑和引领下，以数据为关键要素，以价值释放为核心，以数据赋能为主线，对产业链上下游全要素数字化升级、转型和再造的过程，即传统行业因数字化技术带来的生产数量和生产效率的提升。其内涵是以数字科技变革生产工具，以数据资源为关键生产要素，以数字内容重构产品结构，以信息网络为市场配置纽带，以服务平台为产业生态载体，以数字善治为发展机制条件。

产业信息化和产业数字化都是在数字化技术的支持下推动产业发展的过程，都强调了数字化技术在业务中的重要性。产业信息化可以看作是产业数字化的前提和基础，它为产业数字化提供了数据和信息的基础。而产业数字化则更加全面，涵盖了整个产业链的数字化连接与协同，强调的是产业生态系统的数字化转型。在建筑产业中，如果说信息化关注的核心是流程，那么数字化关注的核心就是商业模式，也就是建筑产业互联网。

### 1.2.3 建筑产业互联网赋能建筑产业数字化转型

在实现建筑产业数字化的过程中，由于工程项目具有点多、面广、以现场作业为主等业务特征，业务割裂、数据孤岛、碎片化系统等问题制约着建筑产业数字化转型的成效。从业务链条看，设计、施工、咨询、运维等层面需要进一步融合，设计-施工一体化问题成为建筑产业数字化转型的瓶颈问题。数字化转型是一个系统性、体系化工程，是一个复杂而渐进的过程，需要持续投入、长期坚持。建筑产业互联网作为建筑产业数字化转型的核心基础设施，通过运用大数据、物联网、移动互联网和云计算等先进技术，推动供应链上各个环节和企业的互联互通，重构建筑业现有的生产方式与商业模式，从而实现建筑产业的结构优化和转型升级。为了促进建筑产业的数字化转型，需要打造贯穿建设工程项目全生命周期的面向建筑业的互联网平台，将虚拟与现实打通，实现建筑产业各方的协同合作。通过发展建筑产业互联网，可以将建筑项目的采购、设计、施工、运营和维护等各个环节连接起来，实现信息共享和协同工作，将为建筑业带来多重优势。建筑项目可以在更高效的协同环境中进行，提高项目交付的质量和速度。同时，大数据和人工智能的应用可以提供更准确的预测和决策支持，降低风险并优化资源配置。在建筑产业互联网平台的推动下，建筑业将形成全新的发展格局。参与方之间的紧密协作和信息共享，将促进建筑业整体效能的提升，推动行业的创新和高质量发展。

## 1.3 建筑产业互联网与智能建造

加快建筑业向着工业化、数字化、智能化转型，打造建筑产业互联网平台，推动智能建造与新型建筑工业化协同发展，是建筑业“十四五”期间的重要发展目标，也是实现建筑业转型升级和持续健康发展的关键。智能建造促进互联网、信息技术在建筑业的应用，推动工程建造资源服务化转型，实现工程建造资源和信息的流通和交易，进而促进建筑产业互联网平台搭建。建筑产业互联网平台作为新一代信息技术与建筑业深度融合形成的关键基础设施，是促进建筑业数字化、智能化升级的重要支撑，是打通建筑业上下游产业链、实现产业升级的重要依托，也是推动智能建造与建筑工业化协同发展的基石。

### 1.3.1 智能建造的内涵

智能建造是智能技术与先进工业化建造技术深度融合形成的工程建造创新模式。它是在数字建造的基础上，系统融合大数据分析、智能算法、知识自动化、机械电气自动化等相关技术，实现知识驱动的工程全生命周期建造活动，诸如工程方案构思设计、仿真分析、逻辑推理、判断决策与实施执行等。其本质是通过人与智能化工具设备高效地进行合作共事、持续学习，不断扩大、延伸和部分地取代人类专家在工程建造过程中的脑力劳动，将数字建造推进到高度集成化、柔性化和智能化阶段。

智能建造的含义可以从以下四个方面理解：

（1）智能建造的基础是利用新一代信息技术和人工智能技术实现工程要素资源数字化。

20 世纪 90 年代起，计算机技术广泛应用到建筑工程设计与施工的过程中。1992 年，首次出现“建筑信息模型（BIM）”一词，它是计算机技术与工程建造在设计与施工层面融合的产物；步入 21 世纪，数字化技术在工程建造全过程的融合更加广泛，加之人工智能技术逐渐发展成熟，工程建造领域随之实现贯穿全生命周期的“信息空间＋物理空间”融合；2010 年之后，新一代信息技术飞速发展。2016 年，AlphaGo 的胜利将深度学习的应用前景提升到新的高度，利用新一代信息技术和人工智能技术进行建筑设计、施工、运维的新型建造模式得到学界的广泛关注，新一代信息技术和人工智能技术为智能建造提供了技术支撑。

（2）智能建造的本质特征是数据/知识驱动的工程建造全生命周期一体化协同与智能化决策。

智能建造既面向规划决策、设计、生产、施工和运维全过程，也面向建筑业的全参与方和全要素。其本质是通过人与智能化工具设备高效地进行合作共事、持续学习，利用数据/知识驱动解决工程建造活动中的复杂性和不确定性问题，实现建造过程的动态优化和精益管控；同时不断扩大、延伸和部分地取代人类专家在工程建造过程中的脑力劳动，将工程建造推进到高度集成化、柔性化和智能化阶段。

（3）智能建造技术要与建筑工业化紧密结合。

以装配式建造为代表的建筑工业化发展模式具有标准化设计、工厂化生产、装配化施工、一体化装修及信息化管理等特征。同时，智能建造以工程物联网、工程大数据、BIM等技术为核心，具有产品质量高、资源消耗少、施工效率高等优势。因此，智能建造技术与建筑工业化的紧密结合，有助于形成涵盖规划设计、生产加工、施工装配、运营维护等全产业链融合一体的智能建造与建筑工业化产业体系，进而实现从数字设计、云端采购、智能工厂、智慧工地到产品集成展示及运维平台等全产业链贯通的工程建造模式整体升级和新型建筑工业化。

（4）智能建造促进建筑业发展数字经济新业态。

智能建造模式下，工程建造活动中将产生大量数据，包括数字化设计阶段数据、施工阶段“人-机-料-法-环-品”数据、运维阶段的性态数据等，而数字经济的本质就是把数据作为生产要素，配置在整个生产和消费的全过程。智能建造模式通过数据/知识驱动的工程全生命周期建造活动，将数据作为一种生产要素参与到工程建造的各个环节，以全面提高建造效率、改善生产和施工环境、降低建造成本、提高产品质量，交付以人为本、智能化的绿色可持续工程产品与服务，促进建筑业发展数字经济新业态，实现建筑业的数字化转型与高质量发展。

智能建造以人工智能等先进技术驱动建造方式发生变革，这一变革过程是一个典型的社会技术系统相互作用的过程。这一过程遵循着生产力与生产关系之间的规律，即生产力渐进发展演化，驱动着生产关系的变革。建筑产业互联网最重要的特点是互联互通，即打破行业内的信息壁垒，建立上下游产业链的信息流通渠道，实现信息在企业间的传输和共享，解决企业之间因信息不对称带来的效率降低问题，从而改善生产关系。为实现建筑行业全流程和全生命周期的信息连接，平台提供建筑产业向数字化、信息化、智能化转型的中心枢纽和智慧大脑，是建筑产业互联网赋能的核心载体。

### 1.3.2 智能建造推动产业变革

通过大数据5G、区块链、人工智能等新兴技术的应用以及先进管理理念的引入，智能建造为传统建筑产业注入新的活力，并以先进技术驱动建筑业全产业链的变革。智能建造将大大提高建筑业信息化水平，通过建造资源要素和产品要素的信息化表达，用信息流来描述物质流，使其在平台上交易成为可能，从而推动建筑产业互联网平台的搭建。

传统的建筑产品往往以实物形态呈现，但这种形态难以满足建筑企业提高竞争力和消费者对更高质量建筑产品的追求。因此，建筑产品从实物形态逐渐转变为“实物＋数字”的复合形式，如果说工程物质产品只能体现工程产品在某个时空下的瞬时状态，而工程数字化产品则能够承载工程产品全息时空的完整信息。要实现对这些信息的深度挖掘与利用，可以运用大数据分析和深度学习，提升产品的智能功能，从数字产品发展到智能产品，实现产品的价值增值。例如，根据设施设备使用的动态信息，自动生成维修计划，实行精准维修。同时，利用大数据技术分析设备维修信息，可以得到哪些设备部件容易出现故障，并进一步判断是产品质量问题，还是建造质量问题，或是使用不当的问题，从而为维修保养决策提供支持。

智能建造推动建筑业的建造方式发生变革，如实施“制造-建造”的新方式。传统的建造方式是粗放、低效的，产生了大量的浪费，无法满足新时代高质量发展的需要。随着技术的发展，各种先进的建造技术和生产设备得到了广泛的应用，得益于标准化的模块体系、规模化的构件生产、精准化的现场，建筑业的建造方式逐渐向工业化和模块化转变，生产效率得到了很大的提高。同时，建筑企业正在转变经营理念。传统建筑企业主要提供实体产品，现代服务业与建筑业的融合促使建筑企业由产品建造到服务建造的转型升级，为用户提供高品质的“工程产品＋服务”，延伸建筑产业链。另外，数字化技术为建立工程产品服务系统、创新工程建造生产性服务体系提供了支撑，更好地满足了用户的新需求和建筑业高质量发展的需要；基于我国社会治理体系现代化战略以及建筑业发展规划的目标，建筑行业治理理念正从单向监管到共生治理、治理体系正从封闭碎片到开放整体、治理机制正从事件驱动到主动服务。数字化技术的发展加速了这一过程，通过建立电子政务网络、工程物联网以及行业资源网，构建开放的行业大数据平台，帮助治理主体掌握全面整体信息，优化政府决策，提高行业服务质量，逐渐形成以数据为驱动的整体治理体系。

### 1.3.3 智能建造促进建筑产业互联网的发展

智能建造带来新理念和新范式，反过来推动建筑产业互联网的发展。智能建造融合平台经济与工程大数据、物联网、云计算等新一代数字信息技术，一种新的商业模式在建筑行业应运而生，即建筑行业商业模式的平台化。在平台化的商业模式中，建筑企业不仅提供产品或服务，更重要的是通过构建在线平台来连接供需双方，促进参与者之间的交流、交易和价值创造。互联网平台作为一种新兴的市场交易形式，突破以往时间和空间限制，通过聚集交易资源和交易对象，并通过制定匹配和交易规则，为平台用户创造价值，并实现价值增值。一方面，重构价值创造以开发新的供应源，促进新的生产者群体出现；另一方面，通过产生新型消费行为来重构价值消费，激励众多的用户以一种全新的方式来享用产品及服务。商业模式平台化有助于聚集所有工程建造的参与方，打破原有的企业边界，促进各参与方的协同，推动建筑业良性发展。

商业模式平台化强调将建筑产业内各个环节、参与方整合到一个统一的数字平台上，实现资源的共享、协同和优化配置。而建筑产业互联网平台则是实现这一商业模式平台化的实际载体，为不同参与方提供数字化工具和服务，促进交流、合作和创新。然而，建筑产业互联网平台的定位和功能远不止体现在交易形式层面，广义的建筑产业互联网，除了共享经济和服务平台的模式以外，更体现在建造方式的变革和产业生态重塑。建筑产业互联网服务于设计、施工、运维多个阶段，形成设计平台、智慧工地平台、运维管理平台等，促进传统业务流程和管理模式由线下向线上变革，进而影响建筑产业的生产方式。

## 1.4 建筑产业互联网与平台经济

平台经济是基于数字技术，由数据驱动、平台支撑、网络协同的经济活动单元所构成的经济关系的总称。平台经济是一种或虚或实的交易场所，平台本身不生产产品。以互联网、大数据等现代信息技术为支撑的平台经济对人类社会发展产生了深远的影响，这种影响不是体现为局部经济活动效率的提高，而是体现为社会发展质量的整体跃升。在工程建造领域，平台经济帮助建筑业更好地实现信息的共享、商业模式的创新、业务的拓展和资源配置的优化，为建筑产业互联网的建设奠定了良好的基础。

### 1.4.1 互联网平台

#### 1. 互联网平台的定义

21 世纪以来，伴随着互联网的不断发展和普及，互联网平台的概念经历了从技术性修辞到整合性隐喻的演变。2000 年，欧盟颁布的《电子商务指令》将互联网平台界定为“中介服务提供商”。同年，印度在《信息技术法》中提到，互联网平台是指“代表他人接收、存储或传输电子记录或提供与该记录有关的任何服务的任何主体”。美国通信法案中指出“互联网平台是交互式计算机服务提供者”。2007 年 3 月 6 日，我国商务部发布的《关于网上交易的指导意见（暂行）》（2007 年第 19 号）中首次提及了与“互联网平台”概念最为接近的“网上交易平台”，该文件解释：“网上交易平台是平台服务提供者为开展网上交易提供的计算机信息系统，该系统包括互联网、计算机、相关硬件和软件等。”伴随着大数据、物联网、算法技术的兴起，各界对于“互联网平台”有了更为深刻的理解，对其解释也不再停留于纯粹的技术层面。2021 年 2 月 7 日正式出台的《关于平台经济领域的反垄断指南》（国反垄发〔2021〕1 号）指出：“互联网平台，是指通过网络信息技术，使相互依赖的双边或者多边主体在特定载体提供的规则下交互，以此共同创造价值的商业组织形态”。综上所述，互联网平台是利用互联网技术，提供各类应用工具和服务，将供给端与需求端连接起来，并从中获得收益的第三方交易场所，是大型企业、互联网技术和资本三者的新型结合产物。

#### 2. 互联网平台的特征

互联网平台在产业数字化转型的进程中展现出巨大的潜力，发挥出重要的支撑作用。主要具有以下特征：

（1）互联网平台存在网络效应。网络效应指的是一个平台的用户的数量对用户所能创造的价值的影响。积极的网络效应指的是一个巨大的、管理完善的平台社区所有的，为每一个平台用户创造重要价值的能力。消极的网络效应指的是管理不善的平台社区的增加，能够减少为每一个用户所创造的价值的可能性。

（2）互联网平台运营模式具有“双边市场”的特性。双边市场是指两组参与者在平台上进行交易，一组参与者在平台上的收益取决于另一组参与者数量的市场。作为双边市场，互联网平台具有单边网络外部性和交叉网络外部性。单边网络外部性是指平台交易中单边用户间产生影响的效应，交叉网络外部性是指平台交易中双边用户相互产生影响的效应。

（3）互联网平台是资源集聚共享的有效载体。互联网平台将信息流、资金流、物流、人才创意等汇聚完成信息交互、数据集成，释放数据价值；将企业、信息通信企业、互联网企业、第三方开发者等参与主体在平台上集聚，实现产业之间的融合与产业生态的协同发展；将数据科学、工业科学、管理科学、信息科学、计算机科学融合，推动资源、主体、知识集聚共享，形成社会化的协同生产方式和组织模式。

3. 互联网平台的作用

互联网平台颠覆性地改变了商业、经济和社会。互联网平台可以连接供需双方，通过一方数量的增加吸引另一方数量的增加，使平台的价值得到巨大的增长。信息技术使平台的搭建变得更加简单且成本更低，使得原本互不相干的主体突破时空的限制成为平台参与者。同时，大量数据的收集、交换和分析得以实现，从而进一步提升了平台的价值。互联网平台通过制定合理的定价机制、准入规则和内部评价机制，可以保障平台交易得以顺利和安全实现，帮助互联网平台企业实现自身收益的最大化。通过自建的信用评价机制，互联网平台可以为用户提供可靠的保障，这也帮助平台形成一个稳定的用户社群——这是平台的最大资产之一，为平台提供持续的价值来源。此外，互联网平台作为经济活动参与者，提供引导或促成交易的功能，吸引交易各方采用互联网平台，并收取适当的费用，提高自身收益、平衡交易各方收益。

### 1.4.2 平台经济

1. 平台经济的定义

平台经济是以互联网平台为主要载体，以数据为关键生产要素，以新一代信息技术为核心驱动力，以网络信息基础设施为重要支撑的新型经济形态。这种经济形态区别于传统的单边市场经济形态，其通常具有双边甚至多边的市场。平台经济既是一种商业模式创新，代表着产业范式的变迁，又是一种新型生产关系。从一定意义上说，基于现代信息技术的平台经济是对传统经济形态具有颠覆性的新业态，呈现出高成长性、广覆盖性、强渗透性的特点。

2. 平台经济的特征

平台经济作为商业模式变革和产业转型的重要力量，展示出了巨大潜力并发挥着关键支撑作用。相对于传统互联网平台，平台经济在面向参与方、竞争方式、公共属性和数据应用等方面都有着全面提升和拓展，主要具有以下特征：

（1）双边或多边市场：平台经济一侧面对用户，一侧面对供应商，通过搭建一个多边市场，将不同的供需双方进行连接。平台上的众多参与者有着明确的分工，各个参与者都可以作出自己的贡献，如提供某种商品或服务。平台通过连接并促成用户和供应商之间的交互，可以从中获取收益。

（2）存在较强的规模效应：如果某一平台企业率先进入一个领域，或者由于技术、营销优势占据这一领域较大市场份额时，这家企业就会越来越大，出现强者愈强的局面。随着平台上供应和需求的增加，平台的规模不断扩大，可以形成更强的网络效应，平台也能够降低成本、提高运营效率，并通过更好地匹配供需吸引更多用户和供应商。

（3）具备一定的类公共属性：当前平台经济涉及领域多为事关人们衣食住行的民生领域，公共服务提供者的属性特征突出。平台还具有非排他性和非竞争性的特征，呈现出一定的公共基础设施属性。平台提供的共享资源和服务为参与者创造了共同的价值，也具有共享经济的特点。

（4）数据要素的重要性突出：平台经济根植于互联网，是以数据作为生产要素或以有价值的资产进行资源配置的一种新的经济模式。因此，数据在平台经济中具有突出的重要性。在运行的过程中，平台积累了大量的数据，包括用户信息、交易记录等。这些数据可以被用于分析和优化平台的运营、改进产品和服务等。平台企业之间的竞争越来越多表现为数据资源与算力算法的竞争。

**3. 平台经济的作用**

平台经济具有提高效率、降低成本、提升透明度、促进创新、优化供应链管理、提升客户体验以及提升竞争力等功能，促进建筑行业提高效率和降低成本，具体表现为：

（1）提高效率：平台经济通过整合建筑产业链上的各类主体，如材料供应商、设备租赁公司、设计公司和施工企业，实现了资源的高效利用。其不仅减少资源浪费，还通过信息共享机制，使参与各方能够迅速获取市场动态、价格变化和项目需求等关键信息，有效减少信息不对称，提高决策效率。

（2）降低成本：在平台经济模式下，供应商和需求方的直接连接消除了不必要的中间环节，平台聚集的大规模需求使得采购成本得以进一步降低，形成了规模效益，进而显著降低了交易成本。

（3）提升透明度：平台经济具有公开透明的特征，通过信息的公开和流程的透明化，减少了交易中的信息不对称，增强了交易的公平性。同时，平台经济的评价和信用体系为参与者提供了信任基础，有效预防了欺诈行为，提升了整个行业的诚信度。

（4）促进创新：平台经济为新技术的推广和应用创造了良好的环境，如 BIM、物联网、区块链和大数据分析等技术，不仅推动了行业技术的进步，也为商业模式的创新提供了动力，如众包、共享经济和在线招标投标等新型模式的出现。

（5）优化供应链管理：平台经济的实时监控和管理能力，使得供应链的响应速度和灵活性得到显著提升。供应链各环节的协同作业，通过平台经济的整合，进一步提高了整体的运作效率。

（6）提升客户体验：平台经济根据客户需求提供个性化定制服务，不仅提高了客户满意度，还通过一站式解决方案，简化了从设计、采购到施工的整个流程，为客户提供了更加便捷和高效的服务体验。

（7）提升竞争力：平台经济为企业提供了突破地域限制、开拓更广阔市场的机会。通过在平台上建立良好的信誉和口碑，企业能够显著提升自身的品牌影响力和市场竞争力，从而在激烈的市场竞争中脱颖而出。

**4. 平台经济为建筑产业互联网提供发展基础**

在平台经济和数字经济的背景下，传统企业的平台化发展已成为其提高竞争力、实现企业转型发展的必然选择。国家正积极出台相关政策，推动互联网、大数据、人工智能和实体经济深度融合，培育平台经济新增长点，形成新动能。2022 年 1 月，国家发展改革委等九部门联合印发《关于推动平台经济规范健康持续发展的若干意见》（发改高技〔2021〕1872 号），明确坚持发展和规范并重，适应平台经济发展规律，建立健全规则制度，优化平台经济发展环境。2023 年 3 月，政府工作报告中强调，要大力发展数字经济，提升常态化监管水平，促进平台经济健康持续发展，发挥其带动就业创业、拓展消费市场、创新生产模式等作用。

平台经济为建筑业企业带来新的挑战和机遇。平台经济背景下，技术的发展和应用打破行业界限，推动行业和企业间深层次的互动与合作，导致传统工业经济时代的竞争壁垒越来越模糊。这给建筑业带来了新的挑战：一方面是对传统商业模式的挑战，导致市场环境更加复杂多变；另一方面，行业间实现融合发展成为可能，这也为企业发展带来新的挑战和机遇。企业通过搭建开放式平台，形成弹性、开放、合作的组织结构，整合产业资源和社会资源，将为其在竞争中脱颖而出提供助力。

平台经济为传统行业注入了新动能，也为建筑业带来了商业模式创新、业务拓展机会、优化资源配置、持续推动创新和数字化转型以及优化服务等多方面的价值。通过建立平台化思维，建筑业可以更好地应对市场竞争和变化，实现产业的升级和发展。平台经济连接行业内外各个参与方，实现信息的共享、资源的优化配置和业务的高效运作。平台经济通常是多边市场，连接多个不同的参与方。在建筑产业互联网中，这些参与方包括建筑企业、设计师、施工企业、供应商、物流公司等。通过构建多边市场，平台经济促成了建筑行业内各参与方之间的合作与交易，形成了一个复杂的建筑产业互联网生态系统；平台经济依赖于大数据和用户数据的收集与分析，通过对用户行为、需求和市场趋势等数据的挖掘，平台能够为建筑产业互联网提供数据驱动的支持。通过平台经济，建筑产业互联网可以为建筑服务供应商和参与者提供更多的服务增值机会。

## 本章小结

以数字化、网络化和智能化为标志的新一轮科技革命推动着传统产业加速转型升级和实现数字赋能。其中，互联网依托其信息交换、资源共享、分布式处理、集中管控的基本功能和开放、平等、协作、共享的基本属性，在持续发展的同时不断与消费领域结合，形成了消费互联网的新形态，并正向产业互联网延伸。得益于互联网的发展，数字化、网络化、智能化制造得以实现。随着产业互联网在建筑领域中的不断渗透，建筑产业互联网逐渐兴起。建筑产业互联网通过新一代信息技术对建筑产业链上的全要素信息进行采集、聚合和分析，优化建筑行业全要素配置，促进全产业链协同发展，推动建筑行业实现高质量发展。

建筑业是我国的支柱产业之一，但仍存在盈利能力弱、数字化水平低、“高能耗、高污染、低效率”、“大而不强”、安全事故频发、劳动力不足、管理粗放等问题。随着数字化、网络化和智能化为特征的新一代信息技术的发展，建筑业正从信息化向数字化不断推进，它通过信息技术的利用、产品形态的变化、价值网络的扩展、可持续性发展、多方参与协同不断朝着高质量、可持续的方向发展。

以智能技术为核心的现代信息技术与以工业化为主导的先进建造技术的深度融合逐渐形成智能建造模式。智能建造模式通过建造资源要素和产品要素的信息化表达，用信息流来描述物流，使其在平台上交易成为可能，从而推动建筑产业互联网平台的搭建。反过来，建筑产业互联网平台作为新一代信息技术与建筑业深度融合形成的关键基础设施，是促进建筑业数字化、智能化升级的重要支撑，是打通建筑业上下游产业链、实现产业升级的重要依托，也是推动智能建造与建筑工业化协同发展的基石。

21 世纪以来，随着互联网的不断普及和发展，互联网平台正在使商业、经济和社会发生颠覆性的改变。其中，平台经济是以互联网平台为主要载体，以数据为关键生产要素，以新一代信息技术为核心驱动力，以网络信息基础设施为重要支撑的新型经济形态。它通过构建多边市场、数据驱动的支持、去中心化的产业协同和服务增值等，为建筑产业互联网带来了更多的机遇和潜力，推动了建筑行业向数字化、智能化和个性化的新业态转变。

## 思考题

1. 简述建筑产业互联网的概念。
2. 简述建筑产业互联网产生的背景。
3. 如何理解智能建造的内涵?

# 2 建筑产业互联网概述

【知识图谱】

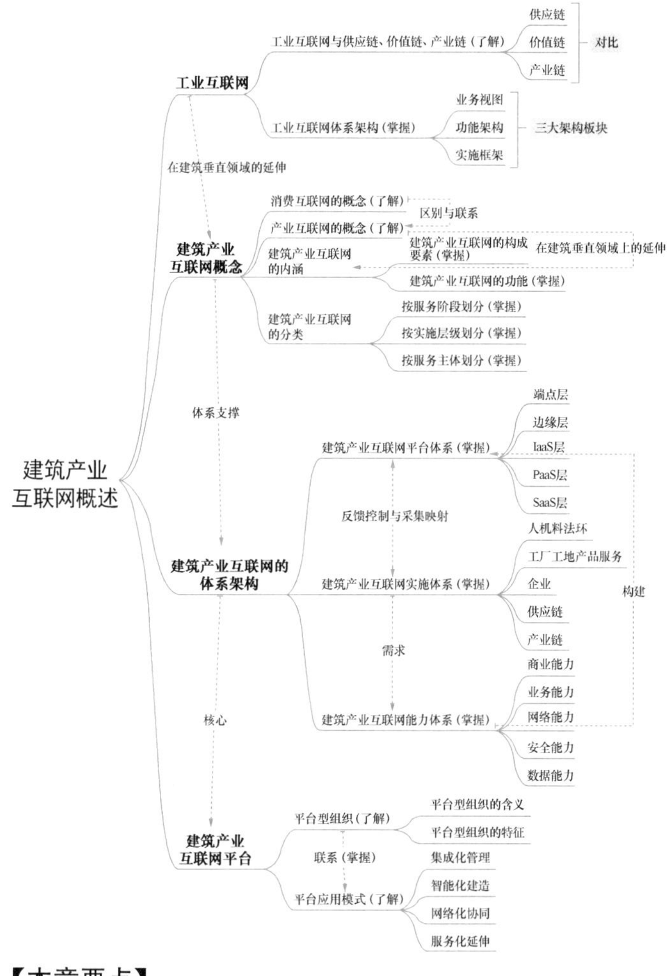


【本章要点】

知识点 1. 工业互联网的概念。

知识点 2. 工业互联网的类型。

知识点 3. 建筑产业互联网体系架构。

【学习目标】

（1）理解工业互联网的基本概念。

（2）了解产业互联网与消费互联网的共性与差异。

（3）熟悉建筑产业互联网的内涵与类型。

（4）掌握建筑产业互联网的体系架构。

（5）了解平台型组织的含义与建筑产业互联网平台的应用模式。

建筑产业互联网作为产业互联网的一个重要分支门类，其发展得益于工业互联网技术的持续创新与进步。建筑产业互联网在发展过程中，既受到了工业互联网的深刻影响，也借鉴了产业互联网的先进理念，从而在建筑工业化、数字化、智能化转型中发挥了关键的引导作用。本章内容系统阐述了工业互联网的基本概念与体系架构，对消费互联网向产业互联网的演进过程进行了详尽的介绍与分析。在此基础上，本章着重探讨了建筑产业互联网的内涵、类型与体系架构等核心要素，并对平台型组织和建筑产业互联网平台的应用模式进行讲解。

## 2.1 工业互联网

工业互联网作为工业领域的革命性基础设施、创新应用模式及新兴工业生态，正迅速推动工业向数字化、网络化、智能化转型，加速工业的升级改造与发展壮大。在全球化竞争日益加剧的背景下，各国纷纷出台战略规划，旨在通过理论研究与工程实践相结合，充分挖掘并提升工业互联网的实践价值与战略意义。本节内容将系统介绍工业互联网的发展历程，详细阐述不同国家的工业互联网战略，并深入探讨其体系架构等关键知识点。通过对这些内容的梳理与分析，旨在为读者提供一个全面、系统的认识视角，以更好地理解工业互联网的内涵、价值与应用前景。

### 2.1.1 工业互联网发展历程与各国战略

工业互联网作为新一代信息技术与制造业深度融合的产物，正引发相关产业的深刻变革。其核心在于实现人、机、物的全面互联，进而促进全要素、全产业链、全价值链的深度融合。这一融合不仅构建了新型基础设施、应用模式和工业生态，而且颠覆了传统的制造模式、生产组织方式及产业形态。它为传统产业的转型升级注入了新动力，同时也为新兴产业的快速发展提供了强有力的支撑。

工业互联网的实质可以概况为四大关键要素：互联、数据、服务与创新。其中，“互联”指的是工业经济实现全要素、全产业链、全价值链的全面连接；“数据”指通过数字化平台对海量工业数据进行管理、建模与分析；“服务”涵盖了制造模式、服务模式与商业模式的创新变革；而“创新”则体现在制造业数字化、网络化、智能化转型上，它催生了新模式、新业态、新产业，重塑了工业生产制造和服务体系。

工业互联网亦是第四次工业革命的重要基石，它为数字化、网络化、智能化提供了切实可行的路径，加速了工业体系的智能化升级、产业链的延伸和价值链的拓展。在全球化竞争日益激烈的今天，工业互联网有助于缓解新兴经济体面临的竞争压力，提高企业管理效能，加速产业向高端跃升，促进产业基础的高级化和产业链的现代化，成为提升产业竞争力的关键途径。此外，工业互联网还是经济高质量发展的重要支撑，它通过与基础设施和新兴产业的结合，有效推动了制造业转型升级，促进了先进制造业与现代服务业的深度融合。这不仅增强了我国制造业的产业生态能力，而且孕育了新的增长点。作为实体经济数字化转型的关键支柱，工业互联网融合了工业、能源、交通、农业等多个领域的实体经济，并为它们提供了包括网络连接、计算处理平台在内的新型通用基础设施。它促进了资源要素的优化配置和产业链的协同发展，助力各实体行业在研发模式创新、生产流程优化等方面取得突破。工业互联网正推动传统工业制造体系和服务体系的再造，带动共享经济、平台经济、大数据分析等新兴模式以更快速度、在更大范围、更深层次上的拓展，从而加速实体经济数字化转型进程。

自2008年金融危机爆发以来，以美国为代表的全球主要工业国家深刻认识到制造业在国民经济发展中的核心地位。制造业与快速发展的新一代信息通信技术的深度融合，催生了工业互联网的兴起。工业互联网被视为制造业智能化发展的关键基础，其能够实现海量工业数据的感知、传输、集成与分析。因此，各国纷纷将工业互联网作为推动先进制造业发展的重要手段，并为其提供资金和的战略支持。

“工业互联网”的概念最初由通用电气公司（GE）于2012年提出，并迅速得到推广。随后，美国五家行业龙头——通用电气、IBM、思科、英特尔和AT&T——联合成立了工业互联网联盟（IIC），进一步推动了这一概念的发展。同年，美国政府发布了《先进制造发展战略》，将重点放在信息、材料和制造技术的融合上，明确将工业互联网作为战略创新的关键方向。美国利用其在信息技术方面的优势，推动工业互联网在制造业、能源、交通、运输、医疗和城市建设等多个领域的广泛应用。其所提出的工业互联网的核心功能在于通过平台将产品、供应商和客户紧密连接，从而延长制造业产业链，实现跨设备、跨系统、跨厂区、跨地区的互联互通，提高生产交易效率，并推动制造服务体系向智能化发展。同时，它还有助于推动制造业与服务业的融合发展，实现工业经济要素资源的高效共享。

德国的“工业4.0”（Industry 4.0）是工业发展不同阶段的划分，标志着智能化时代的到来。“工业1.0”代表蒸汽机时代，“工业2.0”代表电气化时代，“工业3.0”代表信息化时代，而“工业4.0”则利用信息化技术促进产业变革。2013年，德国在汉诺威工业博览会上正式提出了“工业4.0”的概念，旨在提升德国工业的竞争力，抢占新一轮工业革命中的先机。“工业4.0”通过物联信息系统实现生产过程中供应、制造、销售信息的数据化和智慧化，形成高效、快捷、个性化的产品供应。它倡导从集中式控制向分散式增强型控制的转变，目标是建立一个灵活高效的生产模式，实现个性化与数字化的结合。在“工业4.0”模式下，传统行业界限将变得模糊，催生新的合作形式和活动领域，产业链分工也将因此重组。“工业4.0”包含三大关键要素，即智能工厂、智能生产和智能物流，分别关注智能化生产系统、企业生产物流管理以及物流资源的整合与优化。

日本的“互联工业”是其产业愿景的核心，强调通过各种关联创造新的附加值。它能够应用于各种产业，将企业、人、数据和机械相互关联起来，产生新的价值，创造新的产品与服务。这一愿景与日本政府提出的“社会5.0（Society 5.0）”紧密相关。日本致力于构建一个超智能社会，解决包括人口老龄化、劳动力不足在内的社会问题。每年，日本政府在制定未来的投资计划和战略时，都会将“社会5.0”纳入其中。通过人工智能、机器人等信息科技，推动全产业发展，并与社会生活深度融合，实现社会矛盾的解决，迈向“社会5.0”。而要实现“社会5.0”，关键在于制造领域的互联互通，这是日本产业所面临的最大挑战之一。

中国在工业创新领域采取了一些战略举措，其中包括“互联网+”、《中国制造2025》以及工业互联网等。这些战略的实施，标志着中国政府推动制造业转型升级、实现高质量发展的决心。《中国制造2025》是中国政府提出的一项重要战略，旨在促进中国制造业向高端化和智能化方向发展。传统制造业的低成本、劳动密集型生产方式已难以满足市场需求。《中国制造2025》计划为制造业的转型升级提供了新的思路和方向，引导中国制造业向更高效、智能、绿色的方向发展。“互联网＋”战略是指将互联网与传统行业深度融合，通过互联网平台的信息为传统行业注入新的活力。“互联网＋”通过优化、升级和转型传统行业，使其适应快速发展的市场环境，推动社会进步。工业互联网则是新一代信息技术与制造业深度融合的产物，通过人、机、物的全面互联，构建起全要素、全产业链、全价值链的连接，形成先进的制造业体系和现代服务业体系。它是实现工业数字化、网络化、智能化发展的新型基础设施。

表2-1展示了以中国为代表的工业互联网战略，这些战略体现了各国在推动工业创新和转型升级方面的共同愿景和行动方向。

各国工业互联网战略　　表2-1

| 国家 | 战略 | 主导部门 | 含义 |
| --- | --- | --- | --- |
| 美国 | 工业互联网战略 | 美国工业互联网联盟 | 美国工业互联网注重跨行业的通用性和互操作性，以业务价值推动系统的设计，把数据分析作为核心，驱动工业联网系统从设备到业务信息系统的端到端的全面优化 |
| 德国 | 工业4.0战略 | 德国联邦教育局及研究部和联邦经济技术部 | 提升制造业的智能化水平，建立具有适应性、资源效率及基因工程学的智慧工厂，在商业流程及价值流程中整合客户及商业伙伴 |
| 日本 | 互联工业战略 | 日本工业价值链促进会 | 互联工业战略主要包含三个核心内容：人与设备和系统的相互交互的新型数字社会，通过合作与协调解决工业新挑战，积极推动培养适应数字技术的高级人才 |
| 中国 | 《中国制造2025》、“互联网＋”、工业互联网 | 工业和信息化部 | 以网络、平台、安全为核心，从业务视图、功能架构、实施框架、技术体系四大部分进行发展，打造新型基础设施、应用模式和工业生态，推动传统产业加快转型升级、新兴产业加速发展壮大 |

我国工业互联网产业分布广泛，支撑体系相对完整，但与发达国家相比，整体实力仍有提升空间。工业互联网在我国的覆盖范围广阔，地区分布呈现广泛性。总体来看，北京、广州等大型城市及东部地区在工业互联网的重点领域具有较高的产值，产业发展速度迅猛。上海、江苏等地区政府积极推动产业落地，并出台多项政策，以促进工业互联网发展。

从不同领域来看，工业互联网的网络领域包括网络基础建设和服务，已在全国范围内分布；工业传感与控制领域主要围绕工业企业分布，集中在长三角、珠三角和京津冀地区；工业互联网软件与信息服务领域的企业集中度高，大多聚集在东部地区；工业互联网平台领域则集中于北京、上海、广州、深圳、杭州等信息技术较发达的大型城市；安全保障领域则以北京等现代化大城市为主。

工业互联网产业体系涵盖三大关键要素：网络、数据和安全，并延伸至上述的六大重点领域，即工业互联网网络、工业传感与控制、工业互联网软件、工业互联网平台、安全保障以及系统集成服务。随着新一轮工业革命的到来以及工业转型升级的不断推进，我国已初步形成了一个完整的工业互联网产业体系。尽管部分领域市场规模庞大，但先进技术与高端产品市场相较于其他发达国家仍缺乏竞争力。

从宏观层面看，工业互联网通过连接工业经济的全要素、全产业链、全价值链，支撑制造业的数字化、网络化、智能化转型，不断催生新模式、新业态、新产业，重塑工业生产制造和服务体系，推动工业经济实现高质量发展。从技术层面看，工业互联网是新型网络、先进计算、大数据、人工智能等新一代信息通信技术与制造技术融合的产物，构建了一个广泛连接人、机、物等生产要素的新型工业数字化系统。它通过数字化平台管理、建模与分析海量工业数据，提供端到端的安全保障，驱动制造业智能化发展，引导制造模式、服务模式与商业模式的创新变革。

从工业经济发展的角度来看，工业互联网是建设制造强国的关键支撑。它能够推动传统工业的转型升级，实现跨设备、跨系统、跨厂区、跨地区的全面互联互通，优化生产和服务配置，提升制造业的智能化、高端化、绿色化水平，加速工业经济发展。同时，工业互联网还能加快新兴产业的发展，促进设计、生产、管理、服务等环节的数字化集成催生平台化设计、智能化制造、网络化协同、个性化定制、服务化延伸、数字化管理等新模式、新业态、新产业。此外，工业互联网还能助力创新创业发展，推动先进制造业和现代服务业深度融合，促进各产业、企业开放融通发展。

从网络设施发展的角度看，工业互联网是网络强国建设的重要组成部分。它能够加速网络演进升级，推动人与人相互连接的公众互联网和物联网向人、机、物、系统等的全面互联拓展，提升网络设施的支撑服务能力。工业互联网还具有强大的渗透性，能与交通、物流、能源、医疗、农业等实体经济领域深度融合，实现产业上下游、跨领域的广泛互联互通，推动网络应用从虚拟到实体、从生活到生产的科学跨越，极大地拓展数字经济的发展空间。

### 2.1.2 工业互联网与供应链、价值链、产业链

供应链是一个以制造厂商或企业为核心，贯穿上下游的完整网络结构。它在企业实体层面连接了供应商、制造商、物流服务商、销售商、维修商以及用户；在产品实体层面，则涵盖了原材料、配套零部件、半成品、维修件以及成品（包括在研品、在制品、在售品、在用品等）。供应链并非一个具有确定机构和固定组织的集团企业，而是一个跨企业的协作联合体。它基于共同的利益和目标，通过上下游的配合、优势互补、强强联合，依靠契约精神、业务协作关系以及数字化和网络技术的支撑，实现协调运转。工程供应链是供应链概念在建筑工程领域的具体体现，它继承了供应链的“优势互补、相互配合”的特点，又融入了工程建设的专业特性。以土石方工程、机电安装工程、混凝土工程、模板工程等为例，为实现建设项目的目标，需要多方的共同协调配合。在这个过程中，由原材料供应商、建材加工商、总承包商、专业分包商、劳务分包商和工程业主等构成的工程网络组织，通常以专业分包商或总承包商为中心开展供应链管理活动。有时也会由工程业主牵头，以这些参与方为工程供应链网络核心来展开供应链管理活动，构建以它们为中心的工程供应链网络。在全球化设计、制造、供应链管理、销售的理念指导下，全球众多的供应商、承包商和业主等协同合作，在统一的协调与指挥下，构建起一个覆盖全球的供应链网

络。这一网络通过高效的信息流通和资源配置，实现了工程项目的跨国界、跨文化、跨时区的顺利实施，展现了工程供应链在全球范围内的协调与合作能力。

价值链这一概念最早由哈佛大学商学院的迈克尔·波特教授在1985年提出。波特教授认为："每一个企业都是一系列活动的集合体，这些活动涉及设计、生产、销售、发送和辅助其产品的过程。所有这些活动可以通过一个价值链来表示。"在传统意义上，价值链是通过一系列形式多样的线下实体活动实现的，其中包括产品研发、生产作业、市场和销售、内外部后勤、服务等业务活动，以及采购、人力资源管理、品牌建设和企业基础设施建设等辅助活动。这些各不相同但又相互关联的业务活动与辅助活动，共同构成了企业创造价值的动态过程。随着技术发展，工业互联网将更多的企业实体、产品实体和业务活动映射到数字空间。它使得线下人员以线上角色参与，将线下活动转化为线上流程，并将物理信息转化为数字信息。在这个过程中，企业价值链不仅在物理世界中运行，也在数字世界中同步进行，实现了数字与物理世界的交汇与融合。以数字要素为引领和赋能，使得物理世界的运行将更加便利和快捷。此时，传统价值链经过升级，转变为"数字-物理融合的价值链"。由工业互联网生态系统构成的价值链，承载了"动态价值流"，成为新一代的价值链。这一价值链通过数字化手段优化了企业的业务流程，提高了运营效率，并且通过实时数据分析，为企业决策提供了更加精准的依据。工业互联网的应用，不仅改变了企业内部的价值创造方式，也重塑了企业与供应商、客户、合作伙伴等之间的价值交换和协作模式，为整个产业链的转型升级提供了新的动力和方向。

产业链是指不同产业部门基于技术经济联系，按照行业的供需关系、企业间产品衔接以及地域空间的企业实体分布，自然形成的链式关联结构。一般而言，产业链是一个涵盖供应链、价值链、企业实体链和空间链四个维度的经济学概念。这四个维度在相互衔接和平衡匹配中，共同构成了产业链的完整框架。企业实体之间的对接、产品实体的流转与交付、企业需求的牵引以及订单契约的驱动，共同形成了企业实体间的"对接机制"。这一机制不仅促进了产品和信息的顺畅流动，也为企业间的合作提供了稳固的基础，从而激发了产业链发展的内在动力。这种内在动力，仿佛市场经济中的"无形之手"，在无形中调节着产业链的形成和发展，引导产业链各环节的有效协同。它通过市场机制自动调节供需关系，优化资源配置，推动产业创新和升级，进而塑造产业发展的经济规律。产业链的健康发展，依赖于这四个维度的有机结合和高效运作。供应链确保了产品从原材料到成品的高效流转；价值链揭示了企业在产品设计、生产、销售等环节创造价值的过程；企业实体链体现了企业间的直接联系和合作；空间链则反映了企业在地理空间上的分布和联系。这四个维度的相互作用和协调发展，是产业链竞争力的关键所在。总之，产业链作为一个复杂的系统，其形成和发展受到多种因素的影响。通过不断优化产业链的各个环节，加强企业间的协同与合作，可以提升产业链的整体效能，促进产业的持续健康发展。

供应链的核心理念在于平等独立地跨企业合作。在企业间复杂的供应链竞争中，构建一个自主可控、具有高度韧性的供应链网络显得尤为关键。完备的工业互联网体系能够在这一过程中发挥协调与指挥的关键作用。工业互联网生态系统构成的价值链，承载着工业企业与数字经济相融合的重要作用，同时，在工业互联网生态系统中，价值链也是最关键、最活跃的"新动能"。不同行业、不同平台间的融通与连接，是工业互联网发展的一个重要方向。以中小微企业的融资难题为例，传统上，银行在评估中小微企业的信贷风险时，往往因为缺乏足够的信息而难以作出准确判断。在工业互联网平台的支撑下，企业可以提供该企业来自平台的设备运营数据，这些数据可以用于以数据驱动的企业信用评估。通过这种方式，银行能够更准确地进行状况评估，从而发现信贷风险并解决问题。这一过程由此实现了不同产业链数据与工业互联网的融合，推动了产业链的高速发展。工业互联网平台的数据分析能力，为金融机构提供了新的决策支持工具，降低了金融服务的门槛，增强了产业链的协同效应。同时，这也体现了工业互联网在促进产业链各环节紧密协作、提升产业链整体竞争力方面的潜力。

### 2.1.3 工业互联网体系架构

我国工业互联网产业联盟发布的《工业互联网体系架构（版本 1.0）》明确提出了网络、数据、安全三大体系。随后，《工业互联网体系架构（版本 2.0）》在版本 1.0 的基础上进行了深化，特别强调了数据智能化闭环作为核心驱动力，并突出其在生产管理优化与组织模式变革中的关键作用，主要包括业务视图、功能架构、实施框架三大板块。

业务视图主要解答了工业互联网能带来哪些价值、企业为何及如何使用工业互联网，以及企业需要具备哪些能力等问题。如图 2-1 所示，业务视图首先在产业层为工业互联网的发展提供了总体目标和方向。它通过构建新基建，催生新动能，实现新发展，既指引企业向数字化、网络化、智能化方向发展，也从宏观上促进经济的高质量发展。在商业层

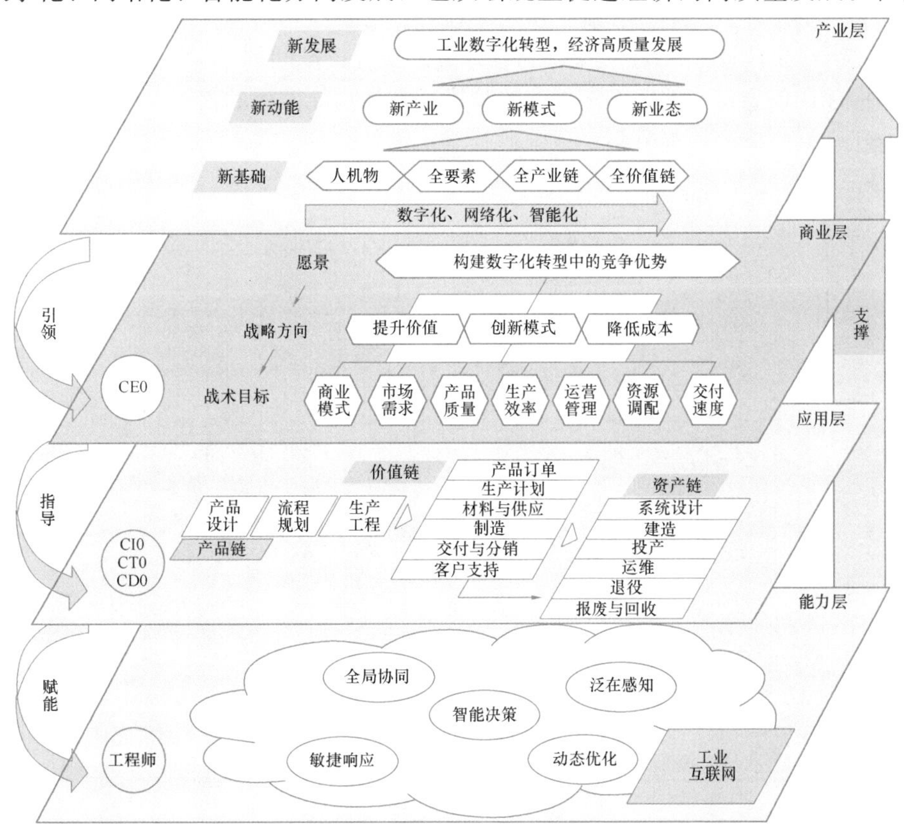


图 2-1　工业互联网业务视图

上，业务视图主要为企业提供发展方向的指导，帮助企业高层在企业愿景、战略方向、战术目标上进行优化，以提升企业价值、降低成本，并带来创新模式。在应用层上，业务视图的作用是引领产品链、价值链、资产链的协同发展，帮助业务人员深入理解各链条内外部的关系与连接，并依托工业互联网的互联互通能力，实现对产品全流程、全业务、全价值的全面覆盖。在能力层上，业务视图针对各垂直行业，培养工程师对全局协同、泛在感知、敏捷响应、动态优化、智能决策五大关键能力的掌握。这包括对海量资源的灵活协同调用、对人-机-料-法-环等基本要素的精准感知、对市场细微变化的快速响应、对复杂生产活动的动态优化，以及作出智能决策的能力。

功能架构（图 2-2）是工业互联网体系架构的核心。它基于现实世界中的工业生产物理资产，由网络、平台、安全三大体系构成，实现了物理系统与数字空间的“实虚结合”和融合交互。这一功能架构反映了工业互联网实现各类创新业务所需的核心功能、基本原理和关键要素。它通过对物理资产的数据采集、分析和优化，并将结果传递至三大体系中进行应用，以满足业务处理的需要。在网络、平台、安全三大体系中，网络层主要承担数据传输和通信的职责，涵盖了边缘计算、物联网等技术。平台层则专注于数据处理和分析，集成了人工智能、区块链等先进技术。安全层则致力于保障网络安全和数据安全，运用了加密算法、数字签名等技术手段。通过这三大体系的协同保障，来自物理资产的数据得以有效利用，广泛应用于感知控制、数字模型、决策优化等数字应用中。感知控制是基础功能，涵盖了感知、识别、控制、执行等环节，它直接与物理资产交互，实现了“接收数据-输出指令”的循环。数字模型作为物理资产在虚拟空间的映射，是数据集成与管理、数据模型构建和信息交互的关键工具。决策优化则是功能架构的核心，用于诊断、预测和指导工业互联网的应用，提升整个系统的智能化水平。

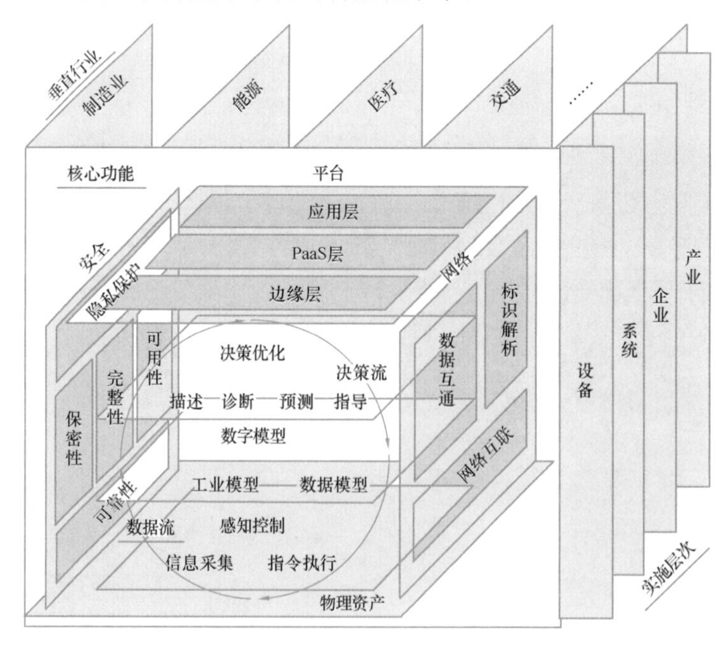


图 2-2 工业互联网功能架构

实施框架（图 2-3）是工业互联网体系架构中至关重要的部分，它详细描述了各项功能在企业中的落地实施层级结构、软硬件系统以及部署方式。实施框架的核心任务是解决工业互联网建设过程中功能架构如何在不同层级间有效落地的问题。具体而言，实施框架包含网络实施、标识实施以及平台实施三大方面的内容。

网络实施的目标是构建全要素、全系统、全产业链互联互通的基础设施。这一基础设施涵盖生产控制网络、企业与园区网络、国家骨干网络三个层面。在生产控制网络层面，网络实施需构建高可靠性、高安全性、高融合性的控制网络，这通常意味着需要对工业设备和网络设备进行升级和优化。企业与园区网络层面则需要一个高可靠性、全覆盖、大带宽的网络，以无死角地支持企业数据的高效汇聚。而在国家骨干网络层面，则需实现一个低时延、高可靠性、大带宽的网络，以保障业务部署的高安全性和高质量。

标识实施中，设备层负责标识数据的采集，实现物理资产的数字化；边缘层则负责标识数据的管理和流转，开放数据共享；企业层则需要注册标识解析系统，支撑企业级的标识解析应用；产业层则对前述三个层级统一管理，形成高效可靠的新型基础设施。

平台实施中，边缘系统部署在企业内部和边缘层，负责现场数据采集和传输；企业平台部署在企业层，汇聚并分析利用企业内部的各项资源；产业平台部署在产业层，用于支撑平台上复杂业务的运行。

工业互联网的实施是一项系统性工程，它要求实现设备层、边缘层、企业层和产业层这四大系统之间的互联互通与深度集成。这一过程并非孤立进行，而是需要各层级系统之间实现紧密的协同与整合。在不同层级的部署中，必须形成既具有差异化特点又能够相互关联的部署策略。这种策略通过要素之间的联动优化，不仅确保各层级内部的高效运作，而且促进跨层级的协调一致性，实现全局性的部署和横向与纵向的联动效应。具体来说，设备层作为工业互联网的基础，负责现场数据的初始采集与设备控制；边缘层则对这些数据进行初步处理和分析，为上层应用提供支持；企业层在整合边缘层数据的基础上，实现更深层次的数据处理和业务决策；产业层则进一步扩大了这一整合的范围，实现跨企业、跨行业的数据共享与业务协同。

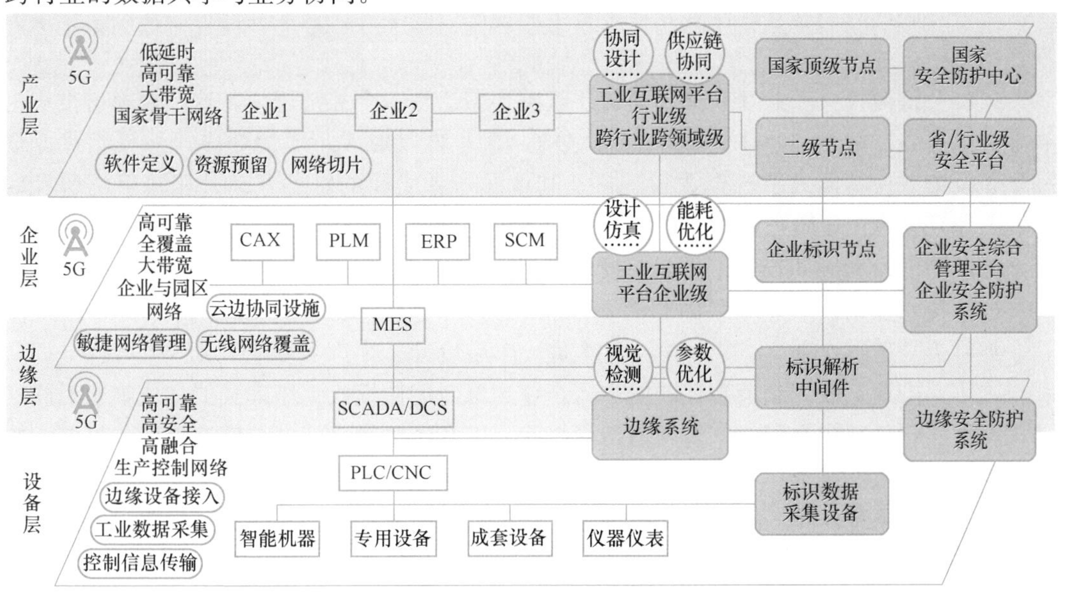


图 2-3 工业互联网实施框架

## 2.2 建筑产业互联网概念

互联网技术的迅猛发展孕育了产业互联网的概念与构想。随着工业互联网技术的日益成熟，其应用范围逐渐扩展至各行各业，为产业互联网的实现提供了技术基础和实践路径。在这一背景下，建筑产业互联网应运而生，它将产业互联网的理念应用于建筑领域，以全产业互联互通为手段，促进建筑产业的转型升级。

本节内容深入阐述了建筑产业互联网的相关概念、内涵及其在实践中的应用分类。首先，对产业互联网的特点及其与消费互联网的共性和不同点进行了梳理。在此基础上，进一步探讨了建筑产业互联网的内涵，同时，针对建筑产业互联网，本节也提出了一系列创新的分类方法，为建筑产业的数字化、智能化发展提供了理论指导和实践参考。

### 2.2.1 产业互联网的特点

建筑产业互联网是工业互联网和产业互联网理念在建筑领域的延伸与应用。产业互联网本身源于传统信息产业和消费互联网的发展。传统信息产业主要是指第二次世界大战后，在信息技术革命中形成的以新兴信息技术为基础的各类产业。而消费互联网则是在互联网和信息技术的支持下，以消费者为中心，旨在提升个人用户体验，有效改善人们在阅读、出行、娱乐、生活等诸多方面的消费过程，使生活变得更为便捷和快速。消费互联网的本质在于个人虚拟化，增强个人生活和消费体验的质量。

产业互联网是消费互联网在生产、制造、供给端上的延伸，它通过对现有互联网基础设施的改造升级，以生产者为主要服务对象，对各垂直产业的产业链和内部价值链进行重塑和改造。产业互联网通过感知控制产业链上的关键生产要素，整合供应链上下游的资源，发挥互联网在生产要素配置中的优化和集成作用，形成新的经济形态，促进各产业的高质量发展。

产业互联网与消费互联网在发展过程中展现出一些共性，这些共性可以从以下四个方面进行概括：

（1）关键规模：产业互联网和消费互联网均需达到一个关键规模，这一规模可被视为企业的引爆点或引燃点。未达到此规模之前，企业难以形成正反馈效应；一旦超过此规模，正反馈效应将促进平台企业与客户及其他参与者之间的良性互动。相较于消费互联网，产业互联网由于资产占比更高，其关键规模的重要性更为显著。重资产的特性意味着产业互联网的盈利周期较长，且前期投入较大。

（2）核心互动：产业互联网和消费互联网的价值创造模式与传统企业不同。传统企业，亦称为“管道企业”，其价值创造遵循从产品设计、生产到销售、服务的线性过程。相比之下，产业互联网和消费互联网中，企业的价值创造模式是矩阵式的，依赖于互联网的连接性，包括客户之间、产者与消费者之间，以及产消者之间的特殊连接性。这些连接节点间产生的核心互动，构成了企业的关键竞争优势。

（3）生态系统：单一的产业互联网企业难以独立形成气候，只有通过构建多元化的产业互联网生态系统，才能共同促进行业发展。

（4）利益最大化：产业互联网和消费互联网均面临利益最大化问题，但与强调股东利益最大化的传统企业不同，互联网平台更侧重于利益相关者的利益最大化，这标志着平台经济的一个新特点。

这四个方面不仅体现了产业互联网与消费互联网的共性，也揭示了平台经济的核心特征和发展趋势。同时，产业互联网与消费互联网也存在一些关键的差异，这些差异对于理解平台经济的发展具有重要意义：

（1）技术门槛的差异：消费互联网主要涉及人与人之间的连接、客户的连接和服务的连接，而产业互联网在此基础上更加强调人与物之间、物与物之间的连接。产业互联网要求实现全面感知，技术难度相对较大，这导致其前期投入更为巨大。

（2）业务模式的差异：产业互联网的业务模式对标准化的要求较低，而对个性化与差异性的要求较高。这使得产业互联网企业难以与消费互联网企业进行简单比较。产业互联网强调需求规模经济，但相较于消费互联网，降低生产成本、提高生产效率的难度更大。因此，消费互联网中容易形成跨行业的综合性平台，而产业互联网中则更多地形成以垂直行业龙头企业为中心的核心平台。

（3）商业模式的差异：消费互联网企业通常为轻资产模式，而产业互联网企业多为重资产模式。重资产企业的迭代过程较长，迭代速度较慢。因此，需探索新商业模式，以适应其资产特性和行业发展需求。

（4）市场竞争结构的差异：消费互联网容易形成寡头垄断的市场结构，而产业互联网由于其行业特性和差异性，市场竞争更为复杂多变，难以形成类似消费互联网时代的垄断局面。

产业互联网作为推动数字化进程的关键力量，其价值体现在多个方面。一方面，产业互联网促进了工农业、服务业、制造业、政府以及全社会的全面互联，实现了不同领域的深度融合。另一方面，它深入渗透企业的组织流程和生产环节，改变了人们的认知和习惯，进而转化为用户需求，为行业发展带来新机遇。产业互联网将数字化的触角延伸至供给端，提升供给品质和效率。通过直接连接用户与供给端，它能够满足用户深层次的个性化需求，帮助用户更有效地获取产品和服务，从而带动消费升级。自2020年以来，我国也积极响应，多次提出加快“新基建”的建设步伐，重点推动5G、云计算、大数据等数字基础设施的建设。这一战略不仅调整了产业结构，还推动了新的经济增长方式。产业互联的核心价值在于通过数据整合，打通多个产业环节，利用数字化技术优化从生产到消费终端的整个产业链。这有助于提高供需匹配效率，实现采购中的库存优化、生产中的质量管控、分销中的追踪溯源、零售中的精准营销，以及服务中的体验升级，最终目标是提升价值、提高效率、降低成本。实体产业通常规模庞大、链条漫长、环节众多。产业互联网通过数字化手段提升各个环节的效率、压缩成本，长期积累将对利润产生显著影响。数字化工具为我们提供了全新的思路和灵活的解决方案，使得较小的投入能够激活较大的收益。在产业链、生产线、管理模型等关键领域，以及采购、生产、质检、库存管理、市场营销等具体环节，产业互联网的数据化分析和治理都能发挥重要作用，带来有效的改进。

产业互联网的发展模式多样，主要包括以下四类：

（1）产业互联网平台：这类平台侧重于基于深厚的行业经验和知识，为相关行业中的企业提供定制化的解决方案。它们通过整合行业资源，提供从生产到销售的全方位服务，助力企业提升竞争力。

（2）数字孪生平台：数字孪生平台是产业互联网发展的重要趋势之一。它通过创建物理实体的数字化镜像，实现设计、生产和运营的高效融合。然而，该领域在技术革新、应用实施等方面仍面临诸多挑战，需要进一步的创新突破。

（3）物联网开放平台：随着物联网技术不断成熟和传感器设备成本的显著降低，物联网开放平台应运而生。这些平台通过支持大量开源工业互联网应用，降低了企业采用云计算和物联网技术的门槛与成本，推动了智能资产管理的进程。

（4）新一代共享经济和服务平台：这类平台涵盖车联网、无人驾驶等领域的共享服务，并与供应链金融、电子商务等其他领域深度融合。通过这种跨界合作，新一代共享经济和服务平台不断寻找新的发展机遇，旨在推动下一代共享经济和服务的进一步发展。

### 2.2.2 建筑产业互联网的内涵

建筑产业互联网是一个综合性的系统，其核心由三大要素构成：平台、网络、价值。作为全要素集成的枢纽，平台在建筑产业互联网中扮演着资源配置中心和数据分析决策控制的大脑的角色。它通过集成各类资源和信息，为建筑产业提供全面的服务和支持。建筑产业互联网利用平台进行赋能，实现线上线下的高度融合，展现出虚实互动的显著特点。网络是感知互联的基础，具有显著的技术特征。它通过应用5G、物联网、云计算、大数据、人工智能、区块链等先进技术，实现建筑业全产业链资源的连接和整合。然而，建筑产业互联网面临复杂的应用场景和广阔的应用范围（如工厂、工地、建筑设备、设施、供应链上下游企业、仓储物流、金融服务、专业服务等），也对其网络性能产生了重大挑战。价值是互联的内在驱动力和最终目标。建筑产业互联网不仅强调商业模式的创新，还注重利益机制的优化。通过这种方式，它旨在实现全产业价值链的优化重构，推动共创、共享、共生的产业生态。

从多个维度审视，建筑产业互联网正推动着建筑行业的深刻变革。从技术维度来看，建筑产业互联网融合了传统建筑业与现代互联网产业，将物联网、大数据、人工智能等先进技术应用于建筑全产业链，实现全链条互联互通和融合交互；从经济维度来看，建筑产业互联网通过整合产业资源，增强了价值创造的能力，促进了新型产业生态的构建，并孕育了创新的商业模式和管理模式；从产业维度来看，建筑产业互联网打通上下游产业链，加强了产业链各环节的协同发展，推动了建筑产业的数字化和智能化转型，使得整个产业链更加灵活、高效，并能够快速响应市场变化；从产品维度来看，围绕建筑产品，建筑产业互联网建立了开放共享的产业互联网平台，这一平台通过促进建筑产品的创新，推动了整个建筑产业的创新，提升了产品的市场竞争力和用户满意度。总体而言，建筑产业互联网利用现代信息技术，整合了劳动力、材料、金融和信息等多方面资源，构建了一种全新的经济平台。它形成了以产品为中心的平台型社群，推动了建筑行业全产业链的转型升级。建筑产业互联网的出现，不仅代表了技术进步，更反映了企业经营观念的转变、建筑业建造方式的革新以及产业生态的重塑。这一变革为建筑行业带来了前所未有的发展机遇和挑战。

建筑产业互联网主要实现建筑产品、生产流程以及管理过程的优化。在建筑产业互联网中，建筑产品是流程中（如策划、勘察、设计等过程）产生的大量数据及文件，形成电子可交付物，包括施工过程开始阶段的施工图、验收阶段的竣工图、运维阶段的运维图等，以及在 CAD、BIM 等数字孪生虚拟空间中动态变化的可计算的数据、模型等。生产流程包括招标投标、采购流程、建筑部件的工厂生产流程、建筑产品的施工建造流程、运维流程、建筑物状态监控等，生产流程基于信息系统、信息技术、人员等的作用，使不同类型的信息流以数字形式在施工相关生产要素间高效采集、传递、交互、分析、执行，并反馈给人员、设备、机械等实现建筑产品的生产和建造过程，优化生产流程可以实现建筑业生产过程中人、物、信息等要素的有效融合，突破不同流程间的界限，促进建筑业的生产、管理、经营过程的协同与高效运行。管理过程是把建筑业全生命周期内各个环节信息（包括办公数据、市场数据、人力资源数据、生产能力数据、财务数据及企业的经营目标数据等）与企业的经营管理相联系，实时、准确、全面、系统地提供给管理者和决策者，在行政管理、人事管理、财务管理、资质管理、建筑业务管理等基础上，实现控制与管理目标。

对建筑产业互联网而言，需将政府、建设单位、勘察设计单位、施工单位、材料设备供应商等相关方整合到同一平台上，建立行业生态圈，形成行业资源共享、各方共同发展和多方共赢的局面。由于我国建筑业的信息化、数字化和工业化水平较低，设计、施工、采购、运维等各阶段之间仍存在数据壁垒，产业“碎片化”与“系统性”之间矛盾突出，目前还难以形成涵盖全产业链的数字化生态圈。与此同时，建筑企业之间存在竞争关系，导致部分企业在共享资源和信息方面意愿不高，甚至在大型建筑企业内部各子公司、各部门之间也未能实现数据共享。建筑产业互联网平台具有涵盖范围广、参与主体众多、技术复杂和前期投资大等特点，中小企业缺少独立搭建产业互联网平台的资金、能力和资源。因此，为充分解决建筑产业互联网发展的限制，需要政府、企业、行业协会等各方通力协作，形成共创共享的新生态。

在建筑产业互联网起步阶段，数据信息仍需要由人来判断、加工、录入、解释，人的因素对数据的真实性、准确性具有决定性影响。随着技术的进步，云平台、物联网、移动互联网、GPS、传感器、AR/VR、人工智能、视觉识别及语音识别等技术将实现企业的物理世界和数字世界在全生命周期的同源和同步，人的因素对数据真实性和准确性的影响逐渐减少。企业可以从设计、生产、物流、销售、运维等流程中实时向云端传送数据，上、下游企业也能从建筑产业各环节的数据流动中获取信息，改进生产并创造价值。得益于技术进步，建筑企业能够实现建筑产业互联网背景下的智能设计、智能交易、智能施工、智能运维以及政府智能监管等服务，从而实现全要素、全过程、全产业链的高质量发展。建筑产业互联网重构建筑行业生态，不仅包括传统的设计、施工、运维、部品部件等企业，还包括软硬件供应、征信服务、金融服务、咨询服务、教育培训等企业，基于多元应用场景构建不同层次互联网平台，实现行业内上下游企业甚至跨行业企业之间的信息共享、开放交互、作业协同、应用集成和资源整合，进而形成新的产业生态。随着建筑产业互联网平台整合、配置资源的范围越来越广、程度越来越深，建筑业产业内部和产业之间的边界划分将逐渐被取代，跨界融合现象将更加普遍。

### 2.2.3 建筑产业互联网的分类

建筑产业互联网上下游链条长，涉及业务范围广泛，其服务流程主要包含设计、施工和运维等；其实施层级自下而上有“人-机-料-法-环”基本要素、工厂工地产品服务、企业、供应链、产业链等；面向的主体涉及企业、个人与政府机构之间的业务往来；根据其服务阶段、实施层级、服务主体和服务客体的不同，存在多种分类方式。不同的建筑产业互联网最终体现为不同的平台形式，如建筑设计互联网表现为各种协同设计平台的形式，建筑施工互联网表现为各类数字建造、智能建造以及智慧工地平台形式，建筑运维互联网表现为各类物业、设施管理平台形式，以下就建筑产业互联网分类与对应的平台进行详细说明。

**1. 按服务阶段的分类**

按照服务阶段的不同，传统建筑业大致可分为设计、施工、运维三大部分，建筑产业互联网也相应地涵盖了建筑设计互联网、建筑施工互联网、建筑运维互联网以及建筑全过程互联网等。建筑设计互联网主要针对工程项目的勘察、规划、设计等环节，强调数据与模型的一体化高效设计，实现方案生成、智能强排、智能审查、多部门协同管理、设计优化等服务。建筑施工互联网通过物联网数据、业务数据和空间数据的融合为建筑项目提供数据、模型、应用的共享，实现工程项目的在线沟通、在线协同、在线组织、在线业务、在线生态，打通建筑企业和政府监管之间的壁垒。建筑运维互联网实时地连接设备、系统和人员，具备安全性、可拓展性和动态可用性，让企业的应用程序在云端和边缘设备端都能顺利运行，优化企业的组织人员能力，有效实现人机协同作业，智能管理设备运行状态，实现节能、高效、健康、安全等可持续发展目标。建筑全过程互联网打通了原有各环节之间的界限，每个用户均可以自身作为共享工程生态圈的原点，与平台其他用户共同构成生态圈，享有生态圈成果，打通工程服务产业链上的客户资源、项目资源、信息资源、技术资源等，利用生态圈共享资源。其分类见表 2-2。

建筑产业互联网按服务阶段的分类　　表 2-2

| 类型 | 功能特征 |
|---|---|
| 建筑设计互联网 | 针对项目设计阶段的通用服务 |
| 建筑施工互联网 | 针对项目施工阶段的通用服务 |
| 建筑运维互联网 | 针对项目运维阶段的通用服务 |
| 建造全过程互联网 | 针对项目全生命周期的通用服务 |

**2. 按实施层级的分类**

按实施层级来看，根据建筑产业互联网应用范围的不同，可将建筑产业互联网分为“人-机-料-法-环”基本要素类型、工厂工地产品服务类、企业类、供应链类和产业链类等。“人-机-料-法-环”基本要素类型的建筑产业互联网以“标识解析”技术为基础，是所有建筑产业互联网实现泛在感知、互联互通的基础，如感知工人工作状态、监控机械运行状态、感应材料库存状态等。工厂工地产品服务类建筑产业互联网主要指工厂加工、工地现场施工等的智慧工地平台，用于改善生产、建造工作。企业类建筑产业互联网是相关企业自身形成的企业平台，用于员工管理与业务处理等。供应链类建筑产业互联网是根植于建筑供应链的建筑产业互联网，用于串联建筑材料供应商、制造商、工程分包商、工程承包商、工程业主等相关单位，通过企业之间的协作，提高资源配置效率。产业链类建筑产业互联网与供应链类建筑产业互联网相似，也是用于打破信息孤岛，提升建筑产业发展效率，区别在于产业链类建筑产业互联网不仅局限于某一项目的各利益相关方，而是包括了更多同质竞争对手，体现为以共享合作的方式加快整体发展。

3. 按服务主体的分类

按照服务主体，即买方与卖方、供给端与需求端的不同，可分为 B2B（Business-to-Business）、B2C（Business-to-Consumer）、C2B（Customer-to-Business）、C2C（Customer-to-Customer 或 Consumer-to-Consumer）等类型，考虑到建筑行业中政府监管、审批等参与行为，B2G（Business-to-Government）、C2G（Customer-to-Government）也是建筑产业互联网的重要组成部分。B2B 是指企业与企业之间的商业关系，由企业之间通过专用网络或互联网等方式，进行数据信息的交换、传递，开展交易活动。它将企业内部网和企业的产品及服务，通过 B2B 网站或移动客户端与客户紧密结合起来，通过网络的快速反应，为客户提供更好的服务，从而促进企业的业务发展。B2C 是企业直接面向消费者的商业关系，也是企业直接面向消费者销售产品和服务商业的零售模式。C2B 是消费者到企业的商业关系，是产业互联网中新的商业模式，这一模式改变了原有生产者和消费者的关系，是一种消费者贡献价值，企业和机构消费价值的模式，真正的 C2B 应该先有消费者需求产生而后有企业生产，即消费者先提出需求，生产企业按需求组织生产，通常情况为消费者根据自身需求定制产品和价格，或主动参与产品设计、生产和定价，产品、价格等彰显消费者的个性化需求，生产企业进行定制化生产。C2C 是消费者之间的商业关系，相比之下服务规模较为零散，但具备服务更加灵活的优点。B2G 指企业与政府机构之间的服务关系，主要是企业接受政府监督与管理服务，从而让政府对企业与行业的指导更加规范，强化建筑市场的信用意识与整体环境。C2G 是个人与政府机构之间的服务关系，主要是通过对从业人员的监督与管理，强化建筑用人市场的规范性。其分类见表 2-3。

建筑产业互联网按服务主体的分类　　表 2-3

| 类型 | 方式 |
|---|---|
| B2B | 企业间建立的商业关系 |
| B2C | 企业零售，供应商直接把商品卖给个人用户 |
| C2B | 要约，由用户发布自己的需求，由企业来决定是否接受客户的要约 |
| C2C | 个人与个人之间的电子商务 |
| B2G | 企业与政府机构之间的服务关系 |
| C2G | 个人与政府机构之间的服务关系 |

## 2.3 建筑产业互联网的体系架构

体系架构的建立对于指导战略发展具有重要意义。在工业互联网体系架构的引导下，工业互联网已经从理论探索和技术验证阶段，逐步走向更广泛的应用推广阶段。这一进程不仅为工业互联网自身的发展提供了坚实基础，也为建筑产业互联网发展积累了宝贵经验。对建筑产业互联网而言，其全要素、全过程、全产业链的连通特性，以及多学科、多系统交叉的复杂结构，对构建统一的体系架构提出了新的需求。这要求探索建筑产业互联网在智能建造、工业化转型、平台化建设以及商业模式变革等方面的系统性布局，以充分指导企业实践，形成业界共识，并推动协作共赢的通用化体系架构。本节将介绍根据建筑产业互联网自身特点建立的建筑产业互联网体系架构，并从平台、实施、能力三个维度对这一架构进行详细解读。

建筑产业互联网的体系架构包含以下三大维度：平台体系涉及从数据采集到应用服务的建筑产业互联网平台架构的建立，是实现数据集成、处理和分析的基础，为建筑产业提供全面的信息化支持；实施体系确定系统实施的层级结构、承载实体、软硬件配置及其作用关系，确保了建筑产业互联网的顺利部署和运行，为各参与方提供了清晰的实施路径；能力体系涵盖商业模式、新型业务开发以及支持业务实现所需的网络能力、数据能力与安全能力等，是推动建筑产业互联网持续创新和提升竞争力的关键。此外，建筑产业互联网的建立也依托于BIM（建筑信息模型）、GIS（地理信息系统）、工程大数据、云计算、区块链、机器人建造等新一代技术的支撑。这些技术的集成应用，使得建筑产业互联网能够实现集成化管理、智能化建造、网络化协同、服务化延伸等先进应用模式。建筑产业互联网的体系架构如图2-4所示。

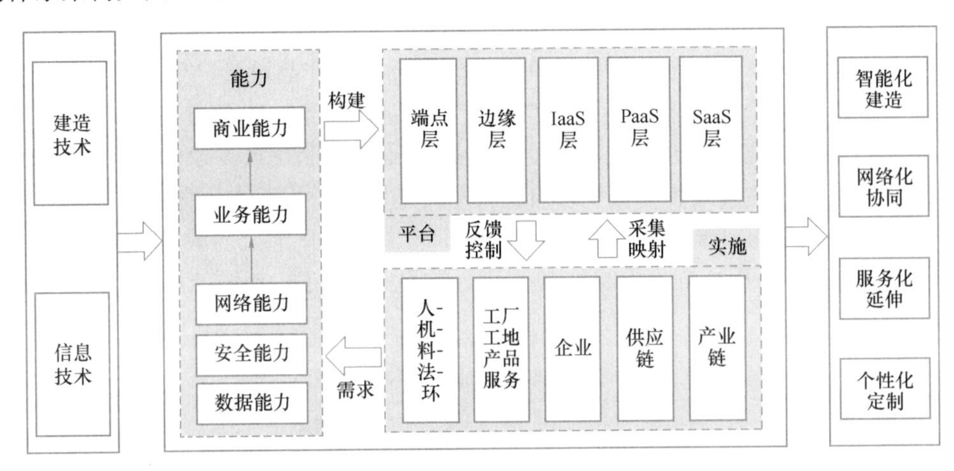


图2-4 建筑产业互联网体系架构图

### 2.3.1 建筑产业互联网平台体系

平台是建筑产业互联网硬件和软件的操作系统与环境，是传统建筑产业云平台的升级，同时也是各类信息资源集聚共享的有效载体。如图2-5所示，平台维度体系包含端点层、边缘层、IaaS层、PaaS层和SaaS层。

端点层——通过传感器、物联网技术进行数据采集的层级，既是建筑产业互联网平台的基础，也是建筑产业互联网的核心驱动层。利用传感器、物联网技术与建筑控制系统等实时采集人、机、料、法、环的设备数据、产品数据、系统数据与软件数据等，为后续的应用服务建立数据基础。

边缘层——利用新型边缘计算设备（如智能网关等）对传感器、物联网中采集到的数据信息进行汇聚和处理，同时将边缘分析结果传送给下一层级，实现深层处理应用。

IaaS层——基础设施即服务层，指把IT基础设施作为一种服务通过网络对外提供，并根据用户对资源的实际使用量或占用量进行计费的一种服务模式，因此这一层级也是一

| SaaS层 | 工程创新应用 | 工程应用二次开发与集成 |
| --- | --- | --- |
| PaaS层 | 工程应用开发工具 | 人机交互服务 |
| | 工程数字化服务 | 工程模型管理服务 |
| | 云平台资源管理服务 | 工程大数据服务 |
| IaaS层 | 云基础设施部署服务 | 云平台部署服务 |
| 边缘层 | 边缘设备访问 | 工程数据接入 |
| | 协议解析 | 边缘数据处理分析 |
| 端点层 | 端点设备部署与管理 | 工程数据采集 |
| | 工程数据存储 | 工程数据流动 |

图 2-5 建筑产业互联网平台体系

种云基础设施层。

PaaS 层——平台即服务层，具备多种服务和开发功能，如大数据服务、应用开发等。这一层级具有强大的数据分析能力，能将云计算、大数据技术与建筑业技术、知识、经验等相结合，形成专业软件库、专家知识库等，把数据资源转变为可移植的开发工具或可重复利用的微服务。此外，PaaS 层还具备完整的数据服务链，不仅能为企业提供工具模型，还能提供数据储存、数据共享、数据分析等多种服务，这一层级中具备先进的智能分析工具与专业的处理方法，能够为用户带来建筑业数据的集成管理与价值挖掘。

SaaS 层——软件即服务层，是建筑产业互联网平台服务的输出层，主要是在开放环境中部署各种应用，服务建筑业智能化生产场景和网络化协同场景，如工程审图、物料追踪、设备运维、资产管理、项目管理、质量管理、安全管理、成本管理、能耗监测、可视化展示、设计协同、生产协同、物流协同、合同管理、人力资源管理、工程造价管理等特定需求。此外，针对个性化定制场景与服务化延伸场景，专项应用服务层能够为企业提供交易服务、租赁服务、融资服务、咨询服务、保险服务等跨行业服务，提供多样的生产问题解决方案，实现业务、技术、数据、资源等软件化、模块化、平台化、通用化。

### 2.3.2 建筑产业互联网实施体系

实施维度是建筑产业互联网在现实世界的反映，由人-机-料-法-环、工厂工地产品服务、企业、供应链以及产业链五大层级组成，其架构如图 2-6 所示。其中，人-机-料-法-环、工厂工地产品服务属于微观层，关注具体的生产要素，目标是改善建造生产管理服务环节；供应链与产业链属于宏观层，关注建筑业整体情况，目标是调节产业链协同运作；企业介于两者之间，既关注自身的建设生产与盈利水平，又关注市场整体运作水平。

人-机-料-法-环的基础层对应平台体系中的端点层，通过传感器、物联网与建筑控制系统对人机状态、材料供应储备、环境特征等数据进行收集，为后续应用提供基础。

工厂工地产品服务的场景层指的是在建筑行业的不同工作场景间，建筑产业互联网通过收集“人-机-料-法-环”的数据信息，通过平台的数据处理、存储、分析，将数据结合

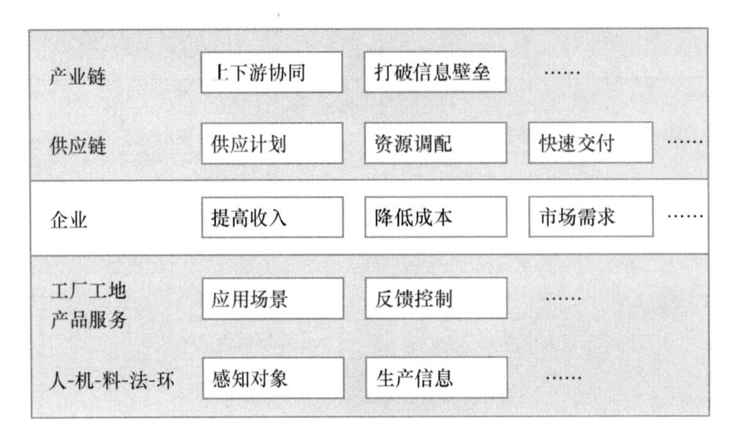


图 2-6 建筑产业互联网实施体系

至各自场景独特的应用中加以使用，指导生产与服务。

企业层主要面向企业高层决策者，用以明确在企业战略层面，如通过建筑产业互联网实现企业竞争优势的方法。在数字化发展趋势下，企业可分解和细化战术目标，如商业模式、市场需求、产品质量、生产效率、运营管理等。

供应链层从微观走向宏观，重点关注全产业链中的供应计划、资源调配、快速交付等问题。通过各企业各层级要素的全面互联，对各类数据进行采集、分析与智能反馈，助力产业供应链的安全保障与强化管理。

产业链层是建筑产业互联网整体数字化转型的宏观视角，产业链层利用建筑产业互联网将自身的创新能力融入产业内部各领域，推进建筑产业互联网的实现与升级，最终实现建筑产业高质量发展。

### 2.3.3 建筑产业互联网能力体系

建筑产业互联网的能力体系架构包括五大功能体系，分别是商业能力、业务能力、网络能力、安全能力与数据能力。其中，网络能力、安全能力与数据能力是发展建筑产业互联网的支撑，商业能力与业务能力是推动建筑产业高质量发展的动力，其结构如图 2-7 所示。

建筑产业互联网的商业能力从商业生态圈逻辑、价值创造逻辑、共享共创逻辑和社会责任与公共利益出发，建立新型商业模式通过不断创新形成商业生态、平台经济、共享经济等更具有可持续发展特性的商业模式。商业生态是平台企业通过构建多元化的商业生态系统，与其他企业合作，形成互补的协同效应。作为价值网络的构建者和维护者，平台企业整合各方资源，共同创造价值。平台企业的价值创造要以客户为中心，深入了解和分析客户的需求，提供个性化和差异化的产品和服务，不断进行产品和服务的创新，以满足市场的变化和客户的新需求。通过共享资源（如数据、技术、人才等），实现成本降低与效率提高，与合作伙伴共同进行产品开发和服务创新，最终实现共创共赢。最后，作为社会环境的重要一环，企业在追求利润的同时，也应承担起社会责任，如环境保护、社会公益等，或者提供公共产品和服务、提供就业机会等，促进社会公平与和谐。通过商业模式的

图 2-7　建筑产业互联网能力体系图

变革，企业可以建立一个更具创新性、可持续性和竞争力的商业模式，同时也能为社会作出更大的贡献，实现企业的社会价值。

业务能力从建筑产品链、建筑价值链和建筑资产链出发，对建筑生产流程、价值流动效率和全生命周期进行业务创新，是推动行业进步和提高竞争力的关键因素。在建筑产品链上，通过绿色建筑和智能建筑的设计创新，引入先进的施工技术和自动化设备，提高施工效率和安全性。在建筑价值链上，通过精益管理和BIM（建筑信息模型）技术，优化设计、施工和运营流程，减少浪费，提高效率。在建筑资产链上，通过对建筑资产进行全生命周期管理，提高资产的使用效率和经济回报，通过智能化管理系统，提高建筑的运营效率，降低维护成本。

网络能力是建筑业数据传输交换和建筑产业互联网发展的支撑基础，包含互联互通、泛在感知、标识解析等。互联互通实现要素之间的数据传输，包括企业外网、企业内网。企业外网根据建筑业高性能、高可靠、高灵活、高安全网络需求进行建设，用于连接企业各地机构、上下游企业、用户和产品。企业内网用于连接企业内人员、机器、材料、环境、系统，主要包含信息技术（IT）网络和控制技术（OT）网络。泛在感知基于泛在网络，泛在网络为个人和社会提供了泛在的、无所不含的信息服务和应用，实现环境感知、内容感知的能力。标识解析通过对标识数据的采集、解析、处理和建模，将对象标识映射到实际信息服务中，形成建筑产业互联网的标识解析和异构数据沟通的解决方案。互操作性是指一种能力，使得分布的控制系统设备通过相关信息的数字交换，能够协调工作，从而达到一个共同的目标。为了达到“平台或编程语言之间交换和共享数据”的目的，需要包括硬件、网络、操作系统、数据库系统、应用软件、数据格式、数据语义等不同层次的互操作性，问题涉及运行环境、体系结构、应用流程、安全管理、操作控制、实现技术、数据模型等。网络能力要求对服务器、存储、应用系统等的虚拟化，形成平台资源高效利用基础，实现高性能计算，对软件、数据进行实时、准确调度和运算，实现资源优化匹配和结果精准导向，构建分布式存储体系，降低数据存取响应时间，扩展网络设备、服务带宽和吞吐量，提高运行的灵活性和可行性。

安全能力指隐私保护、数据可信、知识确权、安全可靠、系统韧性等，是网络与数据在工业中应用的重要保障。建筑产业互联网安全体系涉及设备、控制、网络、平台、APP、数据等多方面网络安全问题，其核心任务就是要通过监测预警、应急响应、检测评估、功能测试等手段确保建筑产业互联网健康有序发展。与传统互联网安全相比，建筑产业互联网安全具有三大特点。一是涉及范围广。建筑产业互联网打破了传统建筑业相对封闭可信的环境，网络攻击可直达生产一线。联网设备的爆发式增长和建筑产业互联网平台的广泛应用，使网络攻击面持续扩大。二是影响大。建筑产业互联网涵盖建筑业设计、施工、运维等实体经济领域，一旦发生网络攻击、破坏行为，安全事件影响严重。三是企业防护基础弱。可通过以下三项防护手段提升安全防护能力：一是接入安全，通过防火墙、加密隧道传输等技术，防止数据泄漏、被侦听或篡改，保障数据在源头和传输过程中安全；二是平台安全，通过平台入侵检测、网络安全防御、恶意代码防护、网站威胁防护、网页防篡改等技术实现建筑产业互联网平台的代码安全、应用安全、数据安全、网站安全；三是访问安全，通过建立统一访问机制，限制用户的访问权限和资源使用，实现对云平台资源的安全可控访问和管理。

数据能力指平台赋能，即机理模型、数据流转、数据分析、决策优化、知识管理等，是工业智能化的核心驱动。数据体系是要素。建筑产业互联网数据有三个特性。一是重要性。数据是实现数字化、网络化、智能化的基础，没有数据的采集、流通、汇聚、计算、分析，各类新模式就是无源之水，数字化转型也就成为无本之木。二是专业性。建筑产业互联网数据的价值在于分析利用，分析利用的途径必须依赖行业知识和产业机理，建筑业内部行业众多且千差万别，每个模型、算法背后都需要长期积累和专业队伍，只有深耕细作才能发挥数据价值。三是复杂性。建筑产业互联网运用的数据来源于智能建造的各环节，“人-机-料-法-环”各要素，维度和复杂度远超消费互联网，面临采集困难、格式各异、分析复杂等挑战。

在建筑产业互联网能力体系中，数据能力是最重要的，而对于整个体系架构而言，数据能力也是最为基础的。建筑业拥有庞大的数据体量，但因智能化发展还处在初级阶段，数据的潜在价值远远没有被充分挖掘。达成数据能力需要大量数据支持，这些数据包含大量的工程环境数据、工程要素数据、工程过程数据和工程产品数据。对工程环境数据和工程产品数据进行分析可以服务工程全产业链的一体化设计；对工程过程数据和工程环境数据进行分析可以实现精确感知的数字工地；对工程要素数据和工程过程数据进行分析可以为自动化建造提供帮助；对工程产品数据和工程要素数据进行分析可以为工程运维、行业治理、智慧城市等提供支持。通过对海量工程数据进行高效学习，挖掘规律，从而提供智能决策支持。这具体表现在三个方面：一是提高项目各阶段协同工作的效率。在建筑设计与施工的各个阶段，各参与方使用相同的数据模型，减少了各参与方之间交流沟通的障碍，进而提高工程建设各阶段协同工作的效率。二是辅助工程建设各阶段的决策。在新的项目中可使用积累的数据辅助决策，从数据中提取知识、预测未来，有利于工程优化、风险控制、项目管理等。三是推动建筑产业转型升级。

## 2.4 建筑产业互联网平台

上一节从平台、实施、能力三个维度全面介绍了建筑产业互联网的体系架构，将平台作为建筑产业互联网各类信息资源集聚与共享的有效载体。在建筑产业互联网发展过程中，平台不仅直接与全产业链连通，而且面向服务的各个环节，为产业链中的各个要素进行赋能，其在体系中的作用至关重要。

本节将深入探讨平台背后的组织架构和应用模式。具体来说，本节将分析支撑平台运作的平台型组织，以及这些平台如何通过不同的应用模式服务于建筑产业互联网的全产业链。这不仅涉及平台的技术实现，也包括其在商业模式创新和价值链优化中的战略角色。通过这一分析，旨在揭示平台型组织在建筑产业互联网中的核心作用，以及它们如何通过创新的应用模式，推动整个行业的数字化转型和智能化升级。这不仅有助于理解建筑产业互联网的内在逻辑，也为相关企业和组织提供了实施和优化自身平台的参考。

### 2.4.1 平台型组织

建筑产业互联网平台包括建材集中采购、部品部件生产配送、工程设备租赁、建筑劳务用工、装饰装修等垂直细分领域的行业级平台，提升企业产业链协同能力和经济效益的企业级平台，以及实现工程项目全生命周期信息化管理和质量效率提升的项目级平台等，是建造服务与市场交易的新形式。基于平台的建造服务新形式依托数据提供质量管理、进度管理、成本管理等建造服务，协助用户更为安全地进行建造活动，通过人员监管、设备监控、排放监测等功能使工程建造的效率大幅提升。而基于平台的市场交易新形式通过平台消除了时间和空间的阻碍，全天候、全方位地连接起建筑产业经济生态系统中的人、机构和资源，为供应商与顾客之间的互动建立一种开放式架构，并设定相应匹配交易规则，为所有参与者创造出意想不到的价值。同时，建筑产业互联网平台提供的新型信息交流模式剔除了横亘在用户与供应商之间的层层中介，建立起生产者与消费者之间的直接联系，为用户提供更加多元、便捷、自由的消费选择空间，提供金融支持、信用反馈等一系列更为透明化的增值服务。

与此同时，建筑产业互联网平台本身也成为经济活动的利益主体，基于平台经济的原理，它不仅参与价值的创造，也参与利润的分配，最终转变为以追求利润最大化为目标的营利性交易平台，引导或促成客户之间的交易，通过收取恰当的费用而努力吸引交易各方使用该空间或场所，最终实现收益与自身价值的最大化。

1996 年，Ciborra 在美国《组织科学》杂志发表了一篇论文，正式提出“平台组织”概念，将其定义为“能在新兴的商业机会和挑战中构建灵活的资源、惯例和结构组合的一种结构”。平台型组织是企业为了应对高度复杂的市场需求、不稳定的竞争和知识型员工日益增长的自主管理需要，充分利用高度透明的数据化治理技术，将大公司专业资源集聚的规模优势和小公司敏捷应变的灵活优势进行集成的开放型组织模式。与之相对应的则是传统的科层式组织模式，这一组织模式由马克斯·韦伯提出——这是人类历史上最先出现的以职业化为基础、以指令为纽带的大型组织范式。在科层式组织中，组织的运行是由决策层向管理层传递决策和向终端层发号施令，管理层接收到决策后向终端层传递任务，最终终端层被动地执行，决策层位于顶端，管理层次之，而终端层位于基层底端，形如金字塔。

不同于传统企业中金字塔式的科层式组织结构，平台型组织是一种用户需求“拉动”的组织，组织的动力来自接触用户的前台项目，前台拉动中台，中台拉动后台，前、后台各占一头，中间宽阔的腹身是中台，形成类似橄榄球形的结构，即“三台架构”。这种架构颠覆了传统企业中金字塔式的科层式组织结构。具体而言，小而精的灵活机动项目化团队直接对客户的多元定制化需求负责，是为前台。通过模块化与标准化，为前台提供大而全、高共用性、高重复使用性的资源配置与赋能服务的平台为中台，具体可以分为资本赋能中台、人力资本赋能中台、大数据赋能中台、业务价值链赋能中台；对前台和中台进行长期战略指导、基础研发、未来市场培育、企业文化与领导力培养，是为后台。如果用人体作比喻，前台相当于四肢，负责执行具体任务；中台相当于躯干，提供支撑和力量；后台则相当于头脑，负责思考和决策。在当下的易变性、复杂性和模糊性的市场背景下，“三台架构”正好可以平衡组织的“眼前”和“未来”需求，前台和中台协作应对当前市场的快速动态发展，后台则是集中精力进行基础性研究和战略性探索。换言之，后台以其长期导向与前台和中台的短期导向达成平衡。

在以客户为中心的经营模式下，平台型组织需要构建开放的、多元的生态体系。企业间的竞争逐渐转变为企业生态之间的竞争。大型企业利用自身资源优势构建生态圈，而中小型企业可以根据产业趋势和自身发展需求融入不同的生态圈中，寻求自身的良性发展；所有企业充分发挥自身优势、找到各自定位。基于互联网平台，通过重资产的轻资产经营模式随着网络效应逐步发挥作用，平台企业获得快速扩张。互联网平台强大的信息整合能力推动企业计划能力的提升和规模扩大，通过凝聚资源将线性的产业价值链扩张成价值网，并构建新的产业生态，实现了B端用户群之间、B端用户和C端用户之间的自由对接、协同、互动，减少了中间环节，提高了效率，企业之间由互相争夺利润的模式转变为合作共赢、互利共生的模式。

平台型组织具有扁平化、专业化、智能化、敏捷化以及开放化等特征：

（1）扁平化：相对于传统科层式组织的多层级分工，平台型组织是在信息技术支持下的扁平化组织，作为创业单元的各个客户经营模块被充分授权，并在中台的赋能下灵活地开展经营。因此平台型组织彻底摧毁了传统科层式企业的层级金字塔逻辑，变成了一个高度扁平化的网络链接组织。

（2）专业化：平台型组织是为了响应后工业化时代服务化和知识化的需求而诞生的新型组织，中台职能的高度专业化和前端作战小组的多专业联合是其竞争力最基础的来源，也是其满足日益专业化和苛刻化的客户，应对日益升维和升级的竞争的基础。

（3）智能化和敏捷化：平台型组织是构建在信息技术和大数据基础上的现代组织模式，大数据集成化、即时化和智能化是其运行的基本保障，同时，资源和能力的集成与业务端的高度柔性，使得平台型组织具备"随需而变""高速响应"的智能化与敏捷化特征。

（4）开放化：传统的科层式组织结构要想发挥功能作用，有一个重要的前提：组织所处的外部环境是基本稳定、很少变化的。显然，这一前提条件正随着信息技术变革和互联网时代的到来而发生改变，仅靠传统组织的单打独斗已经无法充分抓住市场机遇。平台型组织已经远超传统科层式组织的边界，资源和能力池的开放使得它可以整合全球资源能力为己所用，业务组合和集群边界的开放也使得组织的业务集群处在动态更新中，不断有外部业务被连接到客户的解决方案之中。

基于以上扁平化、专业化、智能化、敏捷化以及开放化等特征，平台型组织与传统的科层式组织在结构特征、思维导向、管控模式、权力配置、组织边界等方面存在本质区别，见表2-4。

平台型组织与传统组织模式的区别　　表2-4

| 项目 | 传统组织模式 | 平台型组织模式 |
|---|---|---|
| 结构特征 | 垂直科层式、结构稳定 | 扁平化、柔性化 |
| 思维导向 | 内部资源和能力导向 | 外部客户导向 |
| 管控模式 | 严格的行为管控 | 相对宽松的使命管控 |
| 权力配置 | 集权集利 | 赋权赋能、共享利益 |
| 组织边界 | 封闭性、本位主义 | 高度开放 |

### 2.4.2 平台应用模式

为了更好地使用建筑产业互联网平台来支撑不同场景与领域中的应用，需要解决好建筑产业互联网平台应用模式的问题，了解"在哪用""怎么用"，实现"用得好"，让建筑产业互联网应用有规可循，全面体现建筑产业互联网平台的服务特性，本节主要介绍了建筑产业互联网的四种应用模式。

1. 集成化管理

在建筑行业的数字化转型浪潮中，建筑企业正致力于构建一个全面覆盖的业务生态系统，该系统融合了勘察设计、生产制造、建设施工、运维管理等多个业务领域，紧密连接行政管理、财务管理、项目管理、策划实施等核心流程。为实现这些环节的高效协同，建筑企业积极利用互联网和云计算技术，搭建汇聚各类应用资源的互联网平台。这些互联网平台将企业各个功能模块的软件系统进行整合，打破了传统信息孤岛，实现数据实时共享与交互，不仅提升了企业的管理效率，还显著增强了决策的科学性和准确性。例如，在销售订单生成后，财务部门可即时获取相关数据进行财务结算，供应链部门可以根据订单情况迅速调整生产计划，确保业务流程的顺畅进行，企业可以实现业务流程自动化和标准化，提高管理效率。在人力资源管理方面，企业同样可以借助数字化手段，将人事系统、考勤系统和薪酬系统高度集成，实现员工信息的自动更新和薪酬计算的自动化，这种自动化流程不仅减少了人工操作的负担，还大幅降低了错误率，为企业管理层提供更加全面、准确的数据支持，助力其作出更加明智的战略决策。此外，通过集成各个功能模块的数据，企业还能进行多维度、深层次的数据分析，并生成各类报表，为不同业务部门的决策提供有力支持；在销售管理领域，企业利用集成后的销售系统和客户关系管理系统，能够实时掌握市场动态、精准、分析和预测销售额、客户满意度等关键指标为销售策略的调整和优化提供科学依据。

### 2. 智能化建造

以工程建设项目实施的高效协同和优化管理为目标，聚焦于数据在项目实施过程中的共享应用，围绕核心业务加大智能机器人、智能装备等先进产品应用力度，致力于打造一个建造全过程数据综合利用、形成完整数据闭环的一体化综合管理互联网平台。平台旨在促进建造全过程数据的深度整合与高效利用，推动工程施工向机器化、无人化方向迈进，并通过依托强大的数据链，实现价值链、管理链、质量控制链等多链条的紧密串联与深度融合，形成项目建设的“多链融合”新模式，不仅能够提升项目管理的精细化水平，还确保了资源的最优配置与高效利用。此外，平台注重对“产品-人-机-料-法-环-测”等关键资源的全面联网，通过先进的数据采集与分析技术，实现对工程项目的建设过程进行精细、准确、灵活、高效的管理与控制，从而带动建造关联业务的一体化管理与高效执行。

### 3. 网络化协同

网络化协同在建筑工程领域的应用，是推动行业转型升级、提升整体效率与竞争力的关键。通过跨企业、跨行业领域、跨区域的业务数据互联互通，建筑产业链上的企业和合作伙伴能够共享广泛的信息资源，包括但不限于客户、订单、设计、生产、建造、运营等各环节，从而实现更加紧密和高效的合作。

工程建造需要的网络化协同包含了建造资源协同和人智资源协同。最常见的建造资源包括“机-料-法-环-测”等动态流动的且属性不断变化的要素，这些要素是建筑工程设计、研发、生产乃至维修或运营不可或缺的资源。然而，在传统沟通方式下，这些资源往往受到时间、空间、沟通效率等多重因素的限制，导致数据差、时间差等信息偏差问题频发。通过建筑产业互联网平台，利用区块链、大数据等先进技术，能够实现这些建造资源的端到端横向和纵向连接，这种连接不仅涵盖了建筑部品部件及设备研发、生产、服务等全生命周期活动，还贯穿了建筑规划、设计、施工、监理、运维等工程项目全生命周期的各个阶段，确保数据的实时性、准确性和一致性，有效消除信息偏差，提升了资源利用效率。同时，人作为一种特殊资源，在建筑工程中发挥着至关重要的作用。经过劳动分工细化，工作专业水平和生产效率得到显著提升，但同时也带来了不同专业之间协同困难、信息割裂加剧的问题，网络化协同通过建筑产业互联网为人智资源的有效整合与协同提供了可能。通过构建统一的信息平台，不同专业背景的工作人员可以实时共享信息、交流意见，促进知识与经验的传递。同时，大数据和人工智能技术的应用，可以辅助决策制定，优化资源配置，提高协同效率，这种基于数据驱动的协同模式，有助于打破专业壁垒，促进跨学科、跨领域的合作，推动建筑工程向更加智能化、高效化的方向发展。

网络化协同的核心在于实现产业链上下游、行业间、企业间的互联沟通，互联网平台通过区块链的不可篡改性和大数据的分析能力，确保数据在传输过程中的安全性和准确性，同时，这种互联机制还实现了企业内外、部门之间的精准数据传递、复制与共享，使得供应商与生产商的生产计划数据同步、生产和库存数据同步，这种快速的数据流转不仅突破了企业边界，还保障了数据流、实体流、资源流等关键要素的顺畅流通，有助于企业更好地响应终端客户需求，提高市场反应速度，共同提升企业价值。

#### 4. 服务化延伸

服务化延伸是新一代信息技术与工程建造融合形成的创新业态，引领建筑行业向更高效、更智能的方向发展。基于BIM（建筑信息模型）构建的互联网平台，结合GIS（地理信息系统）、物联网等技术，整合城市建筑勘察设计数据、建筑运行数据等，通过规范化建模、网络化交互、高性能计算及智能化决策，不仅实现了工程建造全生命周期的数据整合与协同，还极大地拓展了工程建造的服务范围和价值链，为城市管理和公共服务提供了强有力的支撑。

服务化延伸的作用在工程机械设备的健康管理领域尤为显著。传统的设备维护往往依赖于定期检修或经验判断，这种方式存在诸多不足，如资源浪费、效率低下以及可能的安全隐患，而通过建筑产业互联网平台，可以实现对工程机械设备健康状态的全面监测与智能管理。具体而言，建立设备的健康档案，并通过数字化手段持续采集其运行状态数据，包括开关机状态、参数信息、运行状态、故障信息及维修保养记录等。这些数据的多源异构特性要求平台具备强大的数据处理能力，以实时分析并生成可视化结果，为设备健康管理提供科学依据。以Uptake公司的预防性维护解决方案为例，该公司利用大数据预测性分析和机器学习技术，为工程机械设备提供预测性诊断、设施管理和能效优化建议。这种基于数据驱动的方法相比传统的定期或经验性维护，具有更高的准确性和经济性，它能够在设备真正需要维护之前预测并识别潜在问题，从而避免不必要的停机时间和安全风险，同时优化维护资源的配置，减少浪费，提高整体生产效率和设备可靠性。

## 本章小结

本章主要介绍了建筑产业互联网的来源与发展，从工业互联网的概念出发，对比了美国、德国、日本、中国四个国家的发展战略，从供应链、价值链、产业链入手，将工业互联网中常见的概念进行解释说明，并对我国工业互联网体系架构进行了详细分析。

建筑产业互联网是工业互联网在建筑这一垂直行业的延伸，本章明确了建筑产业互联网的内涵，从常见的几个角度对建筑产业互联网进行了分类，并从平台体系、实施体系与能力体系三大维度提出了建筑产业互联网的体系架构。平台是建筑产业互联网中各类信息资源积聚共享的有效载体，形成建筑产业互联网平台需要建筑企业采用相应的平台型组织，从原有的传统科层式组织中进行改革与创新。同时本章也介绍了建筑产业互联网平台在集成化管理、智能化建造、网络化协同、服务化延伸等方面的应用模式，为建筑产业互联网平台的实际应用进行了探索。通过建设建筑产业互联网，有助于优化建筑企业的经营管理与生产管理，实现全要素、全过程、全产业链的人-机-物泛在感知、互联互通，提升全产业链整体效益水平。

## 思考题

1. 结合你对工程项目的了解，谈谈行业内存在什么样的痛点？以及可以采用哪一类型建筑产业互联网来缓解这些痛点？

2. 请选取你在课内外了解到的建筑产业互联网案例，从平台体系、实施体系、能力体系中任选一种对该案例进行分析。

3. 请简要分析平台型组织中的“三台架构”是如何运行的。

4. 在建筑产业互联网平台应用模式中，你最感兴趣的模式是哪一种或哪几种？如何将其应用在工程项目中？

# 3 建筑产业互联网技术要素

【知识图谱】

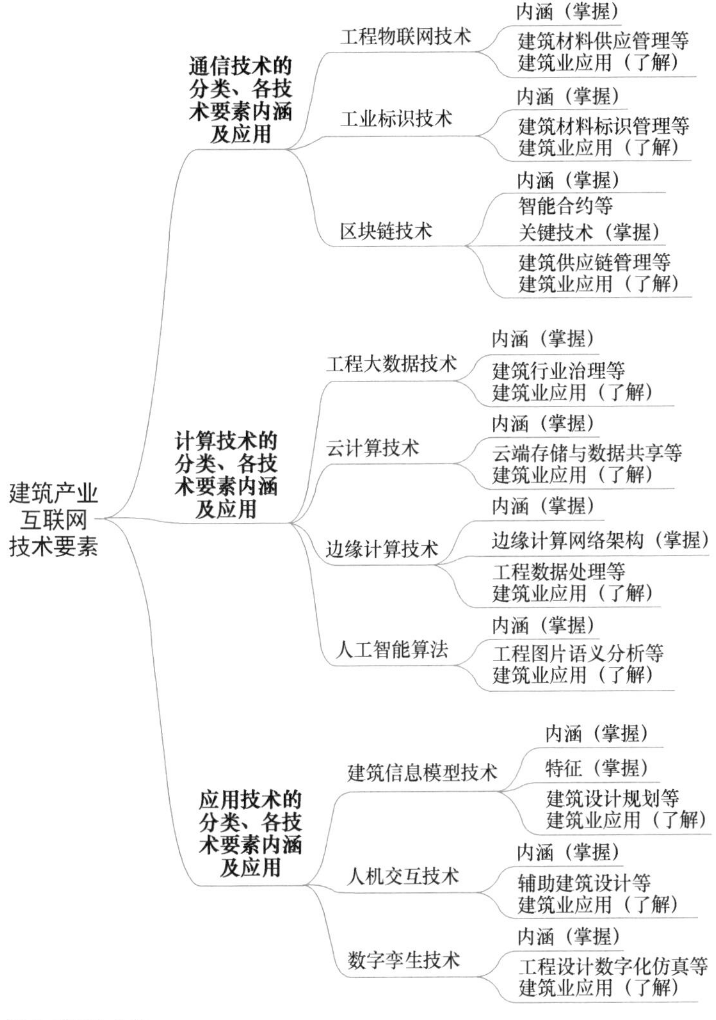


【本章要点】

知识点1. 通信技术的分类、内涵及应用。

知识点2. 计算技术的分类、内涵及应用。

知识点3. 应用技术的分类、内涵及应用。

【学习目标】

（1）掌握建筑产业互联网技术系统的构成。

（2）了解建筑产业互联网各技术要素的内涵。

（3）理解建筑产业各技术要素的建筑业应用场景。

建筑产业互联网的体系架构为建筑产业数字化转型提供了一个开放、安全、可靠和标准化的技术框架，并为行业后续的技术创新和业务变革提供保障。与此同时，建筑产业互联网以互联网技术为基础，融合了新一代信息与建造技术，为建筑业智能化的发展提供了核心的综合信息资源，形成了一种新型的产业应用价值链。其中，新兴的信息技术和建造技术是构建建筑产业互联网的重要技术基础，在两者的推动下，建筑产业互联网已经基本形成了包括应用、计算、通信的信息技术和涵盖人、机、料、法、环的建造技术等在内的系统化产业技术体系（图 3-1）。

| | | | | | |
|---|---|---|---|---|---|
| 信息技术 | 通信 | 工程物联网 | 工业标识 | 区块链 | …… |
| | 计算 | 工程大数据 | 云/边缘计算 | 人工智能算法 | …… |
| | 应用 | 建筑信息模型 | 人机交互 | 数字孪生 | …… |
| 建造技术 | 人 | 安全培训 | 技能水平 | 组织制度 | …… |
| | 机 | 工程机械 | 建造机器人 | 设备监测维护 | …… |
| | 料 | 建筑材料 | 采购/仓储/运输 | 质量监测 | …… |
| | 法 | 建造工艺 | 操作规程 | 合同管理 | …… |
| | 环 | 环境安全 | 环境污染 | 变化监测 | …… |

图 3-1 建筑产业互联网技术系统

作为建筑产业互联网的核心，信息技术基于工程全面互联以实现数据驱动的管理革新，能够有效提升建筑产业的效率和生产力，改善项目管理和沟通协调，并最终促进行业创新和可持续发展。因此，本章以支撑建筑产业互联网平台搭建与应用实施相关的各类信息技术作为建筑产业互联网的主要技术要素展开阐述。其中，工程物联网和工业标识等网络通信技术作为建筑产业互联网的基础核心，是实现大量异构、分布的工程要素互联互通的基本使能技术。同时，建筑业对于国家经济发展的重要意义决定了提升建筑产业互联网信息分析效率与保障数据安全的必要性。工程大数据是建筑产业互联网实现工程要素互联之后的数据价值创造者，而区块链等去中心化技术也被认为是保障信息安全的重要手段。此外，诸如云计算、边缘计算、人工智能算法等计算技术及建筑信息模型、人机交互、数字孪生等应用技术，则是支撑海量且异构的工程大数据采集、聚合、处理与分析的关键技术。总之，各类信息技术在建筑产业互联网中发挥着关键作用，能够有效提升工程建造与管理水平，并推动建筑产业互联网的应用与发展。

## 3.1 工程物联网技术

### 3.1.1 工程物联网技术的内涵

物联网（Internet of Things，IoT）技术是指通过信息感知设备和互联网技术，将各种物理对象与互联网连接，实现物与物、物与人之间的智能交互、信息共享和协同处理的新一代信息技术。作为物联网技术在建筑领域的拓展，工程物联网技术是打造数字工地，实现服务型建造和云建造等新型建筑生产模式的关键性技术。具体而言，工程物联网技术是指通过传感器、通信网络和云计算等技术手段，对建筑工程施工现场进行数据采集、分析处理与实时监测，并通过智能化的控制与决策支持系统，实现建造资源的灵活配置、建造过程的按需执行、建造工艺的合理优化与建造环境的快速响应，从而建立起数据驱动型的新工程生态体系。

物联网技术在早期多应用于物流行业，美国麻省理工学院自动识别中心认为物联网的核心思想是使用射频识别技术（Radio Frequency Identification Technology，RFID），为物体赋予唯一的标识符（物品编码），并通过互联网进行无线通信和交互。通过将射频识别技术作为一种新型的识别手段来替代传统的条形码识别，企业能够实现物流系统的智慧化管理。经过多年的发展，物联网不再局限于单一的物流行业，而是被看作各领域信息化发展和变革的良机，遍及智慧交通、环境保护、智慧农业、公共安全、工业监测等多个领域。对于建筑业而言，存在的生产效率低下和资源浪费以及频繁发生的安全事故等问题严重阻碍了行业的发展，传统的工程施工组织和运营管理模式已不足以应对大型基础设施建设的复杂需求。因此，在工程建设需求的驱动下，通过将工程物联网技术融入工程项目的数字化管控体系中，能够有效提升工程项目管理过程中的信息集成能力，并为建筑工程项目的高效与智能化管理决策提供了一条切实可行的路径。

### 3.1.2 工程物联网在建筑业的应用

工程物联网技术面向的是工程建造的全生命周期，是支撑数字化、信息化工地建设的一套综合技术体系。这套综合技术体系包含硬件、软件、网络、云平台等一系列信息通信和自动控制技术，通过上述技术的有机组合与应用构建起一个能够将物理实体和环境精准映射到信息空间并进行实时反馈的智能系统，并作用于建筑材料供应管理、建筑施工安全管理、智慧建筑管理运维等工程建造全生命周期，有助于重构工程管理的范式。

1. 建筑材料供应管理

利用工程物联网技术的优势，建筑企业可以实现对建筑原材料供应链的实时监控和管理，并对采购的材料进行高效验收，降低供应链出错率，减少物流环节和人力成本，进而提升建筑材料供应效率。由于传统的供应链管理无法实时监控和追踪建筑材料的运输、储存和交付过程，建筑企业无法及时了解材料的位置和状态并预测可能出现的延误和损失。应用工程物联网技术，建筑企业可以实时获取货物的状态和信息并监测不同施工现场或仓储点的原材料数量，在数量低于安全存货量时自动通知补货，并且在原材料即将过期时及时通知施工方和原材料供应方进行处理。而在材料验收环节，可以在材料运输前对所有材料粘贴唯一的电子标签，以确保每个材料具有独特的身份标识，当材料到达现场后，使用射频设备对电子标签进行识别。如果识别结果与预先存档的标签编号和信息一致，即代表材料正确，可以进行质量检验和验收工作。这种基于工程物联网技术的材料验收管理可以有效避免人工操作中可能出现的材料更换问题，确保材料的来源准确性和质量达标。

2. 建筑施工安全管理

在工程安全管理方面，工程物联网技术能够让建筑施工现场安全管理更加智能化和高效化，有效保障施工现场人员和设备的安全，提高施工安全水平和施工效率。施工现场往往环境复杂多变，施工人员和设备之间交互频繁，极易发生安全事故。工程物联网技术可以协助现场人员和设备的管理，对危险源进行监控，降低安全事故的发生概率。例如，通过为施工现场的工人、材料和机械设备配备物联网传感器，实时追踪工人和设备的工作轨迹，并对进入潜在危险区域的监控对象及时发出预警。而在事故发生后，记录的人员活动轨迹也可以为营救提供重要信息，进一步保障施工人员的生命安全。

3. 智慧建筑管理系统

智慧建筑是以建筑物为对象，利用工程物联网技术对各类智能化信息进行采集、监测与综合应用，使建筑具有感知、推理和决策的能力，形成人、建筑、环境相协调的整合体，为人们提供安全、舒适和个性化的居住体验。例如，在建筑环境管理中，智慧建筑管理人员可以通过搭载环境传感器的工程物联网设备，监测室内和室外的空气质量、温度、湿度等指标，以便及时对水、空气、物品等进行清洁和净化，进而保障建筑环境健康卫生并提升居住体验。而针对电力系统管理，光纤光栅传感器可以监测建筑电力系统的负载情况，以及时避免电力故障，并可固化在建筑结构中，进行长时间电力系统健康监测。此外，无线传感器也能够通过精准的定位功能，在火灾等紧急情况中发挥重要作用。工程物联网监测系统的应用使得建筑功能的使用得到了更加全面和智能的监控和维护，为人们提供安全、便利和可访问的空间，创造出更好的生活和工作环境，有效提升了建筑的居住体验和智慧化水平。

总之，工程物联网技术可以通过实时的数据收集和智能化的控制，保障建筑材料供应与提升施工安全管理水平，并使得建筑更加智能、舒适、便捷，满足人们多样化的需求，真正做到把“人本”作为工程建造与运维的核心思想。与此同时，作为建筑产业互联网的基础技术，工程物联网技术为建筑产业“互联网+”提供了新的路径，未来将进一步促进建筑产业互联网平台实现设备互联、数据共享和智能化决策，并推动建筑产业的数字化转型和创新发展。

## 3.2 工业标识技术

### 3.2.1 工业标识技术的内涵

工业标识（Industrial Identification）是指工业互联网使用的用于唯一识别和定位物理对象或数字对象及其关联信息的字符。工业标识技术提供了各种标识方法和技术的手段，使得物品和信息能够被标识和识别。通过标识解析体系识别和解析标识码所携带的信息，可以实现对生产过程的全方位监控、管理和追溯。

工业标识技术所构建的工业互联网标识解析体系是工业互联网网络体系的重要组成部分，是支撑工业互联网互联互通的神经中枢和数字身份证。工业互联网标识解析体系通过条形码、二维码、无线射频识别标签等方式赋予物品唯一身份，依托于各级标识解析节点，提供稳定高效的工业互联网标识解析服务，并在全球范围内实现标识解析服务的互联互通。工业互联网标识解析系统主要采用分层、分级模式构建，面向各行业、各类工业企业提供标识解析公共服务。我国工业互联网标识解析体系逻辑框架如图 3-2 所示，主要由国际根节点、国家顶级节点、二级节点、企业节点和公共递归解析节点组成。国际根节点实现全球各个国家顶级节点的互联互通；国家顶级节点向上对接各个体系的国际根节点，是国内标识解析的核心枢纽；二级节点向上对接国家顶级节点，向下为行业或区域提供标识服务；企业节点为企业提供标识的注册及解析；公共递归解析节点是标识解析关键的入口设施，提供公共查询和访问的入口，提升整体服务性能。其中，标识解析二级节点是行业级标识应用建设推广、业务模式探索的关键，也是现阶段工业互联网标识解析体系的重要建设内容。

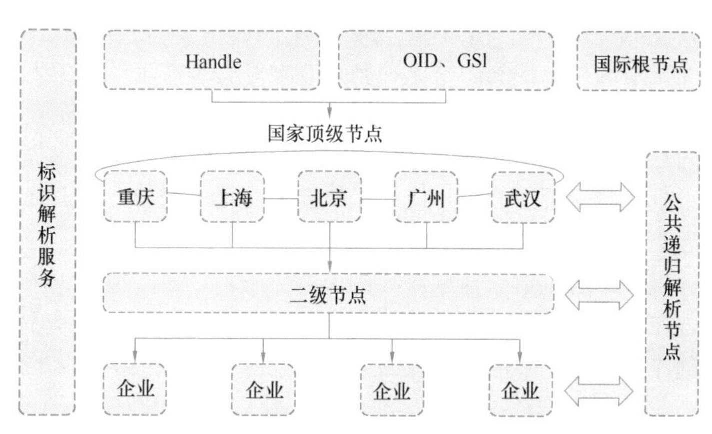


图 3-2　我国工业互联网标识解析体系逻辑框架图

### 3.2.2　工业标识在建筑业的应用

通过解析工业互联网标识，建筑企业可获取该标识在全球范围内的唯一设备对象及其对应属性，再结合互联网平台，推动实现供应链系统和企业生产系统的精准对接。这种基于工业标识技术的人、机、物全面互联，将有助于实现跨企业、跨地区、跨行业的产品全生命周期管理，进而促进信息资源集成共享。在建筑业中，融合工业互联网标识与互联网平台的解决方案可以对生产要素进行高效管理，在很大程度上可以解决建筑行业物料、设备以及运输管理等方面的痛点。

1. 建筑材料标识管理

工业标识技术作为一种能够对实体资源（建筑产品、物料等）和虚拟资源（数据、算法、工艺等）进行统一标识的技术，可以实现建筑材料跨企业、跨区域的数据关联和指引，并通过分布式数据存储架构来打通建筑企业之间的建材信息和数据隔阂。具体来说，工业标识技术可以将建材产品及其特性、产地、生产日期进行唯一性编码标识，并利用扫描标识来实现溯源与认证，营造建材行业溯源和防伪的产品市场环境，进而维护建材市场秩序，打击假冒伪劣产品。此外，重要建材产品的溯源认证还可以帮助建筑企业实现更可靠、更高效的产品生产过程和质量管理，提高产品质量水平与企业经济效益，并为消费者提供更加便捷的建材验证服务。

2. 设备智能健康管理

建筑施工设备具有使用周期长、种类繁多、分布较为分散、价值较高的特点，需要定期对设备进行维护。利用工业标识技术，对关键施工设备进行统一扫码，并对设备各项数据进行采集、存储和分析，施工现场能够实时了解设备的运行状态以辅助判定施工工艺流程中需要优化的参数，实现对分散设备的远程监控和统一管理。基于采集到的施工设备数据，通过集成智能预警预测模型、智能诊断模型、智能自学习知识库等应用，搭建设备智能健康管理平台，进一步对施工设备进行预测性维护、远程运行和使用寿命管理。

3. 协同物流运输管理

针对建筑企业传统运输模式中运费波动大、车辆及司机不固定、运输环节不易监管、货物流向模糊等问题，基于工业标识技术构建的智能仓储互联网平台能够将建筑企业之间的仓储物品信息共享，帮助企业集中掌握仓储物品、物流、编码、批次、有效期和状态等信息，进而解决优化采购需求预测以及库存调拨方案等管理需求，减少人力管理成本，避免因管理漏洞造成的经济损失。同时，通过应用工业标识技术，建筑企业还能够在调度环节实时掌握车辆的动向，对物资运输轨迹进行跟踪。工业标识技术在建筑物流运输管理中的应用有效提升了企业仓储管理能力，促进了建筑企业提质增效，进而促进形成基于“互联网＋物流”的建筑资源网络生态圈。

总之，工业标识技术通过建立开放式的标识解析平台，更好地促进了产业链上的资源共享和协同创新，在工程项目的物料、设备与物流管理中发挥了不可替代的作用。未来，随着标识化管理的深入推进，政府和企业需要进一步深化标识技术在建筑产业互联网中的应用，推动标识产业生态的培育，支撑面向开放生态、汇聚产业链资源的创新应用发展，促进建筑产业的转型升级，赋能建筑产业互联网高质量发展，打造全球领先的建筑产业互联网生态系统。

## 3.3 区块链技术

### 3.3.1 区块链技术的内涵

区块链（Blockchain）技术是一种去中心化、不可篡改、可追溯、多方共同维护的分布式数据库，是集成了分布式数据存储、点对点传输、共识机制、加密算法等计算机技术的新型应用模式，可用于存储各类有价值的数据，保证数据的安全性和可信度。常见的区块链的类型可分为三类：公有链、私有链、联盟链。公有链出现最早，所有的网络节点都是公开的，实现了真正的去中心化共同管理，适用于参与对象较多的领域。私有链的去中心化特性不够明显，实际上更像一个内部系统，其节点的权限是不一样的，部分节点的功能是受到严格限制的，且数据也是在内部实现记录和存储，缺乏第三方进行监督。而联盟链平衡了公有链和私有链的特性，是一种更加灵活的选择。用户在联盟链中可以组成联盟，共同对某些公开的目标进行管理，从而实现行业信息的互通和共享。区块链是由一系列关键技术集成的，主要包括以下四个关键技术：

1. 对等（P2P）网络

对等网络是指在信息网络系统中，所有网络节点互相独立，对数据的所有权都是一致的，对数据的处理过程都是需要广播到网络中接受其他节点的监督的，所有的节点共同维护一个相同的账本，彼此之间公开透明。同时，由于账本在多个节点处都有备份，账本内容不易被篡改。

2. 加密算法

区块链技术利用加密算法和公私钥密码体制实现身份认证和数据防伪造。该加密体制包括两部分，分别是用于加密的公钥和用于解密的私钥，并且公钥和私钥无法通过对方推导出来，以达到防伪造的效果。

3. 共识算法

共识算法的设计则进一步保证了数据的不可篡改。共识算法是实现各节点分布式共识，从而协同管理信息的关键手段。由于点对点网络的部署，网络中各节点可能会有信息的延迟，各个节点接收信息的顺序可能会不一致，为保证上传数据的一致性，区块链中一般需要封装共识算法。

4. 智能合约

智能合约的本质是一系列履约代码。实际操作过程中，通过将现实生活中的合同条款或者业务逻辑编写成对应代码并安装到可以自动执行的硬件或软件中，就可以依赖计算机的逻辑判断自动执行合约，实现业务的自动化执行。

### 3.3.2 区块链在建筑业的应用

工程项目通常具有投资数额大、项目周期长、参与主体多等特点，项目内合作关系复杂且互信程度低，容易导致参与主体间目标不一致，削弱生产力。同时，建设项目的工程信息数据量大、信息管理难度高，极易发生信息丢失和信息造假，阻碍工程管理目标的实现。由于区块链技术具有去中心化、不可篡改的特征，通过构建基于区块链的建筑工程数据管理平台，能够让所有建造服务交易和运行信息对工程参与方公开，有利于实现各参与主体之间的充分信任和智能协同。同时，区块链技术还有助于明确工程项目各参与方的责任、权利和利益，减少侥幸心理与投机主义行为，促进各方信任，推动深层次合作，因而在建筑供应链管理、建筑质量信息管理与建筑工人信息管理等方面具有应用潜力。

1. 建筑供应链管理

信息的不对称和不透明性是建筑供应链面临的难题之一，提高透明度和可追溯性是完善建筑供应链管理的关键，而区块链技术的透明和可溯源性特性为解决该难题提供了潜在的解决方案。当前的建筑供应链是通过相邻环节之间的契约合同连接而成的，由于缺乏透明度，建筑企业很难核实货物与产品的真实价值，这导致了物流成本的增加、产品质量无法得到保证以及可能出现的贪污腐败等问题，而区块链技术可以将供应链的每个单位转变为分布式网络的节点，各节点之间的交易信息在统一的账本系统中公开记录，增加整个供应链的透明度，对产生的质量问题进行有效的责任界定和追溯，进而解决了参与方因信息不对称而导致的供应链纠纷。

2. 建筑质量信息管理

通过建立基于区块链的建筑工程全生命周期质量溯源体系，能够有效保证工程质量的可追溯性，解决工程建造活动中潜在的责任纠纷、交付延误和安全事故等问题，提高建筑工程的质量管理水平。传统的质量追溯通常采用集中式模型，所有工程质量信息都会传输到一个中央数据库。然而，这种集中式结构存在由于数据库无法公开透明地执行导致审查结果不可信、负责管理和维护的第三方机构容易受到攻击而导致数据泄露等问题。而在基于区块链的质量追溯系统中，数据由传感器采集并记录在区块链中，企业可以更加便捷地沿着产品路径从源头到施工现场进行追踪，同时也能随时记录和追踪施工过程中的信息，以确保建筑生命周期中重要信息的可靠保存和不可篡改，保证质量追溯过程中信息的开放性、透明性和真实性。

3. 建筑工人信息管理

工程建造活动包含了大量的建筑工人数据信息，如工人的工作状态信息和对工人的全面评价等，这些信息对于提升建筑项目的管理效率和保障工人的权益至关重要。基于上述数据，行政主管部门、建筑承包商等建筑劳动力市场参与者可以共同建立维护一个去中心化的、多方共同维护的区块链工人平台，并为每个工人创建一个数字身份。在这个平台中，工人的每项施工任务都与一个智能合约相关联，这些合约明确了任务的具体内容、需要达到的质量标准、进度要求以及责任分配。一旦工人完成工作并通过智能合约的验证，平台将自动执行验收流程，并根据合约规定自动发放薪资，确保工资支付的及时性和准确性。这种自动化流程减少了人工干预，降低了纠纷发生的可能性，为工人权益提供了强有力的保障。此外，这些记录在区块链上的数据经过加密处理后，可以安全地向行政主管部门公开，支持其进行数据驱动的工人治理和管理决策，并在必要时也能够为工人提供维权举证。

总之，区块链在建筑业中的应用为工程数据隐私和信息共享提供了新的思路和解决方案，加强了数据共享及管理的可靠性，进而为建筑产业互联网提供了更高的数据安全性和交易可信度。利用区块链技术可以建立起更加安全、透明和高效的建筑数据管理系统，使得多个参与方能够进行高效的协作，为人们创造一个更加安全可靠的建筑环境。未来，随着区块链技术的不断发展和成熟，区块链技术将对建筑业的数字化和信息化进程产生更加深远的影响，推动行业的创新和进步。

## 3.4 工程大数据技术

### 3.4.1 工程大数据技术的内涵

大数据（Big Data）是一种规模大到在获取、存储、管理、分析方面都大大超出了传统数据库软件工具能力范围的数据集合，而大数据技术指的是能将大数据进行存储、计算和可视化的技术。在建筑领域，工程建设全生命周期会产生大量的数据，这些数据被实时采集、存储分析，形成工程大数据。以工程项目为载体的工程大数据，可以理解为在工程项目全生命周期中利用各种软硬件工具所获取的大规模数据集合，通过对该数据集合进行分析可以为项目本身及其相关利益方提供增值服务。与传统数据相比，大数据的数据量规模更为庞大，但是数据量的几何级增长并不意味着信息价值呈相应比例的大幅增长，大数据的价值往往更依赖于其数据是否真实反映客观情况及数据处理的速度。

大数据技术对社会发展带来了深刻影响，其思想已逐渐渗透到各个行业，重构各行各业生产、分配、交换、消费等环节，许多行业也开始探索利用大数据技术进行数据分析和预测。在建筑业中，工程大数据具有以下四个特征：①体量大：项目数据随着工程项目的推进而迅速增长，单体建筑的文档数量可达 $10^4$ 数量级，城市摄像头每天记录的视频数据量相当于 1000 亿张图片；②类型多：工程大数据由大量的结构化、半结构化以及非结构化的数据构成；③管理复杂：工程建设具有较大的不确定性和复杂性，工程数据的更新与迭代较快；④价值大：工程大数据通过整合低价值密度数据形成高价值密度信息资产。

### 3.4.2 工程大数据在建筑业的应用

基于工程物联网的各类传感设备和数据采集技术，工程项目产生了海量的工程数据，这些深入、详尽的工程数据是建筑业应用智能技术的基础。利用工程大数据技术，可以对产生的海量工程进行分析和计算，运用多样的数据挖掘和分析方法提取出对工程建设有价值的信息，进而服务于建筑行业治理、建筑企业管理、工程项目管理等多个方面。

1. 建筑行业治理

借助工程大数据技术，各行政主管部门能够优化工程审批流程。通过对审批数据进行数据分析和可视化，相关部门可以提取特殊项目审批的关键数据，以推动形成特殊项目审批流程的标准，实现由专家知识审查向数据驱动决策的转变，为建筑行业带来良好的经济效益和社会效益。此外，工程大数据技术能够优化对工程交易行为的评估。通过社会网络分析工具，基于海量的法人信息、项目信息、交易信息、资金信息等工程大数据建立相应检测模型，捕捉还原市场交易中的围标人和陪标人的活动，有效监管治理围标、串标等违法行为。相关政府主管部门也可以利用工程大数据技术开展施工方诚信评价，通过对地区内有关质量和安全的工程大数据进行数据挖掘和统一分析，可以准确地抽取诚信评价的关键指标，为政府监管部门营造规范的市场环境提供可靠的依据。

2. 建筑企业管理

工程大数据技术可以帮助建筑企业制定准确的企业战略，动态变化的市场环境充满了不确定性，建筑企业管理人员仅凭自身经验和个人偏好无法快速制定恰当的战略决策。因此，依托于工程大数据技术，管理人员能够根据当前的市场环境迅速、准确地制定企业的战略，以有效规避决策中的风险。同时，工程大数据技术也能够优化工程报价。建筑企业在工程大数据技术的帮助下，能够快速、精准地形成报价分析和决策，从而提高编制施工投标书等环节的效率。在实际应用中，建筑企业将工程量清单数据统一采集，并结合企业内部交易信息，形成标准案例库。企业后续可以通过设置检索策略、相似度计算策略、案例调整策略等规则，进行案例检索匹配。基于案例库匹配的结果，企业还可以获取相似项目清单，为投标前目标成本编制、中标后目标成本编制、竣工后实际成本编制提供帮助，更加精准地制订和调整其规划。

3. 工程项目管理

利用工程大数据技术可以帮助施工方优化工程项目的成本管理，通过整合材料、机械、人工等成本数据，针对工程建造过程中不同层次的需求，并根据拟建工程的地域、工期、合同条件与分包模式等具体情况，施工方可以分析得到施工项目的最优方案组合，从而有效控制成本。此外，施工方也可以通过整合已完成工程的大量相关数据，基于施工过程中地质水文条件不确定性、施工效率不确定性等因素所带来的工期延误风险，构建关于工程工期的概率预测模型。根据模型预测结果，项目管理团队可以合理规划施工进度，优化资源配置，防止工期延误，确保工程项目能够按时交付。此外，项目管理人员还可以利用工程大数据技术改善工程质量管理，针对施工过程中出现的质量问题，将采集到的相关工程大数据进行关联分析，发现引起不同施工质量问题的各因素间强关联规则，快速识别出问题发生的主次原因，明确责任人和问题的具体位置，使得项目质量问题能够得到及时处理。

总之，对建筑产业互联网而言，工程大数据技术的应用使建筑产业互联网能够充分利用数据资产，进而实现对项目的智能决策、资源的优化配置、风险的预测管理等。与此同时，数据隐私的保护也应该得到充分的重视，政府和企业应采取适当的安全措施保护数据隐私免受泄露和滥用，确保工程数据的安全。未来，建筑业在推进数字化转型过程中需要重视大数据技术的应用，以提升工程管理效率，更好地适应市场环境的变化。

## 3.5 云计算技术

### 3.5.1 云计算技术的内涵

云计算（Cloud Computing）技术是一种基于网络访问的计算资源配置模式，具有广泛的适用性和实用性，能够灵活地适应不同的需求，同时具备快速投入使用的特点，可以最大限度地降低管理和沟通成本。云计算技术以其强大的灵活性和效率成为许多组织和个人在存储、处理和管理数据时的主要方式，用户可以根据需求快速获取和释放计算资源。在建筑领域，云计算的强大计算能力可以支持更加复杂的运算，能够帮助建筑设计师和工程师提升设计质量和项目管理，提高资源的利用效率和社会效益。具体而言，云计算技术可以从以下几个方面来理解（图 3-3）。

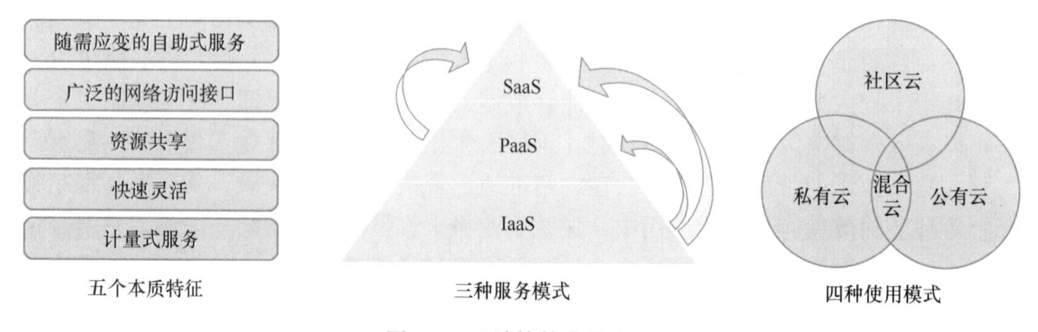


图 3-3 云计算技术的内涵

**1. 五个本质特征**

五个本质特征即随需应变的自助式服务、广泛的网络访问接口、资源共享、快速灵活、计量式服务。其中，随需应变的自助式服务是指用户可以根据自身需要单方面获取计算能力，如服务器时间和网络存储；广泛的网络访问接口是指所有服务功能均可通过网络获得，并通过标准机制访问；资源共享是指所有的计算资源均可为多个用户提供服务，可以根据用户的需求动态设计和重新分配不同的物理和虚拟资源；快速灵活是指资源和功能可以弹性地配置和释放，以根据需求快速向外和向内扩展；计量式服务是指云系统通过利用与服务类型（例如存储、处理、带宽和活动用户账户）相适应的某种抽象级别的计量功能进行资源的自动控制和优化资源使用。

**2. 三种服务模式**

三种服务模式即软件即服务（SaaS）、平台即服务（PaaS）和基础设施即服务

(IaaS)。其中，SaaS 为最高层级的服务，提供给用户个性化、完整的应用服务；PaaS 则为中间层服务，用户可以构建、部署、管理自己的应用程序；IaaS 是最基础的模式，仅提供计算和存储的基础设施。

3. 四种使用模式

四种使用模式即私有云、公有云、社区云和混合云。其中，私有云基于企业自身的数据中心，部署私有云环境；公有云是由云服务提供商提供公共服务，用户按需购买和使用；社区云是在某个行业或领域内共享和协同使用的云环境；混合云则是多种云环境混合使用的模式，企业可以按照需求灵活组合私有云、公有云和社区云的优势。

### 3.5.2 云计算在建筑业的应用

工程数据的海量性、异构性和高速性等特征不仅需要端点层加强数据采集与传输等能力，还给数据中心处理平台的计算、储存、决策和管理能力提出了更高的要求。云计算技术拥有强大的计算资源与运算能力，能够有效解决建筑业传统碎片化数据分析计算方法无法解决的海量数据批量化处理的问题。通过搭建建筑云计算平台，运用云计算技术对大量工程数据进行分析处理，可以提升企业对外提供工程数据服务的能力，进而在数据服务基础上提供更加个性化和专业化的智能工程服务，如工程数据的存储、共享、分析以及风险预测等。

1. 云端存储与数据共享

借助云计算技术，建筑企业能够将大量的工程数据和文件存储在云端，实现多方共享、实时更新和远程访问。工程建造活动会产生海量的工程数据，这类数据的安全性与可靠性对于项目的顺利进行至关重要，数据丢失或损坏可能导致项目延期、成本增加和质量问题。同时，工程项目通常涉及多个参与者和利益相关方，需要工程数据的共享和协作。云计算技术以其海量的存储空间和实时的计算访问能力使得各个项目参与者能够方便地进行云端存储与协同工作，实现远程交流与共享，改善了工作效率和沟通效果，提高了工程数据的安全性和可靠性。

2. 数据分析与风险预测

云计算平台通过提供高性能计算资源和分布式计算服务，可以快速满足大规模数据处理和复杂模型训练的需求，以实现工程数据的实时分析与预测。工程数据通常是大规模的，包含大量的观测值和变量，处理这些大规模数据需要强大的计算能力来进行高效的计算和存储，且某些工程数据分析和风险预测任务对实时性有较高的要求，需要在短时间内完成大量的计算和分析。基于存储在云端的工程数据，建筑企业可以借助云计算技术强大的数据处理能力，更好地理解项目的趋势与优化建筑设计规划，提前发现潜在的问题，并作出相应的管理决策。这种数据驱动的决策过程不仅可以提高项目的效率和质量，还有助于降低成本和风险，提升项目管理水平。

3. 云计算与 BIM

云计算技术提供了强大的计算和存储能力，使得 BIM 可以高效地存储、处理和共享在建筑项目中产生的大量工程数据。在建筑设计和施工方面，云计算技术支持基于 BIM 的模拟和分析，通过对 BIM 数据进行虚拟仿真和大数据分析，可以帮助建筑公司更好地理解和优化建筑设计和施工过程。云计算技术还可以为基于 BIM 的设计决策提供可视化和交互式的工具，使得建筑师和设计团队可以更直观地评估和调整设计方案，提高建筑工程设计的效能，为建筑行业带来更高效、更准确的协同设计方式。在建筑智能监测方面，基于云计算技术的BIM平台可以与前端监测建筑性能的传感器连接，通过监测建筑的能源效率、人员生产率和环境可持续性等性能，为建筑的运维提供更加全面和高效的解决方案。

总之，以云计算技术与互联网为能力承载的云计算平台，可以结合建筑工程活动中的各场景应用，开发不同的在线建筑服务，实现实时的工程数据共享、项目文件访问和远程协作，提高团队之间的沟通效率，为建筑产业互联网平台的开发提供技术支撑。未来，随着云计算技术的不断提升和完善，云计算技术将进一步推动工程建设的数字化转型和创新发展，实现建筑产业互联网的全面提升和变革。

## 3.6 边缘计算技术

### 3.6.1 边缘计算技术的内涵

边缘计算（Edge Computing）技术是指在网络边缘执行计算的一种新型计算模式，边缘计算中的边缘是指从数据源到云计算中心路径之间的任意计算和网络资源。传统上，应用程序需要将从传感器或智能设备获取的数据传输到中央数据中心进行处理，但随着数据规模和复杂程度的增加，网络传输与计算能力已经达到瓶颈。边缘计算系统通过将计算资源放到更靠近用户和设备的地方，可以显著提高应用程序的性能表现，降低带宽需求，同时提供更快的实时数据分析与检测。边缘计算技术以其低延迟、高宽带、更好的用户体验、更高的安全性以及更强的可靠性等特点，在物联网、智能家居、自动驾驶和智能工厂等领域得到广泛应用。常见的边缘计算网络架构主要包括以下三个层次：

1. 用户设备层

用户设备层是指移动终端设备，如平板电脑、智能手表、智能手机等，这些设备通过无线网络连接到边缘计算网络，并请求相应的服务和应用程序。

2. 边缘计算层

边缘计算层主要由位于网络边缘的计算节点组成，如基站、路由器、Wi-Fi热点等，它们具有一定的计算和存储能力，并可以承担一部分应用程序的处理和存储任务。边缘计算层可以提供高可靠性、高带宽和低延迟的服务，以满足移动应用程序对性能和效率的需求。

3. 云计算层

云计算层是存储和处理大量数据的数据中心，可以提供高效的计算和存储资源，但由于距离用户较远，因此在处理实时应用程序时可能存在延迟和带宽问题。因此，边缘计算技术通过在边缘节点上提供计算和存储资源，可以将应用程序的处理和存储推向离用户更近的位置，从而提高应用程序的性能和效率。

值得注意的是，随着万物互联的发展，建筑工程项目的数据经历了爆发性增长，这也带来了面向工程数据传输、计算和存储的新问题。云计算和边缘计算作为两种截然不同的技术解决方案，各自展现出独特的优势和局限性。在实际工程中，如果选择将工程数据上传至云端，可能会面临网络拥堵和时间延迟的问题，在紧急情况下导致关键决策的延迟。而如果选择在边缘端或本地服务器上进行数据的存储与分析，虽然可以减少网络延迟，但同时也可能受限于本地的存储空间和计算能力。在实际应用中，需要综合考虑云计算、边缘计算和端计算的计算能力、存储需求及时间延迟等因素，建立一个融合云、边、端的网络架构，即“端设备-边缘-云”三层模型，以充分利用云计算的集中处理优势、边缘计算的快速响应能力以及设备端的即时处理功能，实现资源的高效配置。因此，从边缘计算和云计算两者的功能中可以看出，边缘计算与云计算并非替代关系，而是作为云计算的有力补充，为移动计算和物联网等新兴领域提供了一个更为高效的计算平台。

### 3.6.2 边缘计算在建筑业的应用

在建筑行业，边缘计算技术能够实现建筑产业互联网的就近计算和实时数据交互，提高工程数据分析的响应速度和效率，因而具有巨大的应用价值和潜力。通过智能分配任务和资源，边缘计算技术可以确保工程数据在最合适的地方得到最有效的处理，同时保障数据的安全性和实时性，为工程数据处理、施工安全管理、智慧运维管理等方面提供坚实的技术支撑。

1. 工程数据处理

在施工活动中，边缘计算技术的实时性和低延迟优势使得管理人员能够快速了解和响应现场情况，以便迅速作出决策，显著提高工程数据处理管理的效率。通过应用边缘计算技术，将部分建筑活动中的计算和数据处理任务移至靠近数据源的边缘设备，管理人员可以实时监控设备运行状态、收集关键指标数据，以支持智能分析和预测，从而优化资源调度、提升效率。以云边端在深基坑监测场景中的应用为例，在终端层布置轴力计、测斜仪、土压力计、地下水位计等设备，采集深基坑工程施工过程中产生的位移、轴力和周边环境信息（如支护结构的位移、轴力和深基坑地下水位等），并将其上传至边缘设备中进行储存和处理，进而利用预先部署的模型进行实时分析。复杂计算任务则可以在算力更加强大的云端进行，云服务层对接收自边缘层的多元源数据进行整合和分析，并进一步训练优化学习模型，然后将优化模型下放部署到边缘层。当监测到异常情况时，边缘层设备可以生成警报信息，并及时传输给相关的人员进行处理，以防止可能的安全事故发生。此外，边缘计算设备的存在还有效地减少了数据传输的延迟，保证在没有互联网连接的情况下维持系统的正常运行，进一步提高监测系统的稳定性和可靠性。

2. 施工安全管理

在施工环境中，常常会有不安全物体与行为的出现，导致施工人员随时可能受到安全事故的伤害。为避免施工安全事故的发生，施工现场管理人员可以利用边缘计算技术对现场进行实时监控，实时监测是否存在施工安全隐患，并为存在安全风险的施工工人和设备提供预警。例如，在建筑现场有人员经过的区域中，架设封装有不安全物体或行为检测人工智能算法的边缘设备，对人员的行为进行监测，通过调用人工智能算法，分析人员是否存在不安全行为；在仓库、电力设备、工地宿舍等区域，存在较多易燃物品，使用烟火检测边缘设备，对重点布防区域进行实时火灾监测，当有火灾事故发生时，管理人员能够快速预警并采取相应措施。这类边缘计算设备由于将计算能力从后端服务器下放到边缘感知层，减轻了服务器的计算压力，保证在多路设备接入时，不会因为在服务器端的计算资源冲突，导致延时或阻塞，极大地提升了施工现场安全管理的效率与可靠性。

3. 智慧运维管理

在智慧建筑中，借助边缘计算技术可以实时监测和控制建筑中的各个系统，包括环境控制、能源消耗、安全系统等，在提升建筑环境管理效率和居住者舒适度的同时，通过严格的数据隐私保护措施，保障用户个人信息和隐私数据的安全，推动建筑运维向绿色化、智慧化的方向发展。智慧建筑可以利用设备端的传感器网络收集室内外环境数据，并记录用户的行为信息，通过在靠近数据源的边缘层对上述数据进行处理与分析，实现实时监控并调节环境参数（如温度、湿度、光照等），即时响应用户需求，降低数据传输的延迟，提高响应速度，确保系统的实时性和可靠性。同时，为确保用户的敏感信息能够得到安全保护，用户的个人信息和隐私数据只会在边缘计算节点进行分析和存储，而无需上传至云端，有效降低了敏感信息在传输过程中被未经授权访问或泄露的风险。

总之，边缘计算技术作为一种新型计算模式，能够有效构建建筑工程全过程的各项生产要素和各种应用场景，充分发挥边缘计算高可靠性、高实时性、高智能化以及高安全性等优势，为建筑工程项目管理提供有效保障，确保人力物力的安全性，推动我国建筑产业互联网的健康和可持续发展。

## 3.7 人工智能算法

### 3.7.1 人工智能算法的内涵

人工智能（Artificial Intelligence，AI）是人类建造的模拟人类智能的实体，这些机器通常被编程成像人类一样思考或模仿人类行为的机器。人工智能基于一个简单的原理：人类智能能够很容易通过学习和模仿执行从简单到复杂的任务，机器通过模仿认知活动和行为，也可以学习并执行任务。人工智能的核心在于各种机器学习算法，根据不同的学习方式，机器学习可分为有监督学习、无监督学习、深度学习以及强化学习四类（图 3-4）。机器学习算法能够处理海量大数据并充分发挥数据可被挖掘的价值，通过算法模型总结出一般性规律，并能将这些规律应用到新的未知数据上的学习过程。

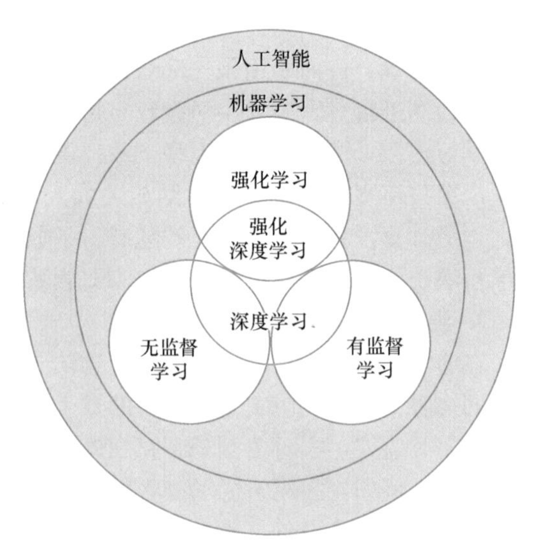

图 3-4 机器学习算法类别框架图

1. 有监督学习

有监督学习是机器学习中的一种学习方式，是通过让机器学习大量带有标签的样本数据，训练出一个模型，并使该模型可以根据输入得到相应输出的过程，主要用于回归与分类的计算。有监督学习的主要流程分为三步，首先需要选择一个适合目标任务的数学模型，其次将已知的问题和答案（即训练集）交给机器进行学习，通过这一步机器能够总结出一套它自身的函数或方法，最后将新问题（即测试集）交给机器，由机器得出新的答案。因此，在有监督学习中，必须要有训练集和测试集两组数据，同时训练集的样本需要带有已知的标签。

2. 无监督学习

在设置训练集时，可能会遇到缺乏足够的先验知识，难以人工标注样本类别或是进行人工类别标注的成本太高的问题。此时，可以通过计算机来完成这些工作或提供一些帮助，比如根据类别未知（即没有被标记）的训练样本进行模式识别问题，此时使用的就是无监督学习。无监督学习根据每个新数据中是否存在某种共性来识别数据，相比于有监督学习，无监督学习的训练集不带有标签，更像是让机器自学，常常被用于数据挖掘，以及在大量无标签数据中发现新规律。在无监督学习中，不需要给训练集数据打上标签，其训练目标是不明确的，训练的结果也难以量化评估。

3. 深度学习

深度学习是一个复杂的机器学习算法，在语音和图像识别方面取得的效果，远远超过先前相关技术。深度学习以人工神经网络为架构，学习样本数据的内在规律和表示层次，其最终目标是让机器能够像人一样具有能够识别文字、图像和声音等数据的分析学习能力。深度学习可以模仿人类大脑处理数据的工作方式，已被广泛应用于搜索技术、数据挖掘、机器学习、机器翻译、自然语言处理、多媒体学习、语音、推荐和个性化技术，以及其他相关领域中。深度学习通过使机器模仿视听和思考等人类的活动，解决了很多复杂的模式识别难题，使得人工智能相关技术取得了很大进步。

4. 强化学习

强化学习是机器学习中的一个分支，与有监督学习、无监督学习并列，是一种学习方式的统称。强化学习的训练不需要带标签的输入输出，它强调基于环境而行动，以获取最大的收益。强化学习中模型不会被告知应该采取怎样的行为，而是不断试探，然后从已有的经验和错误中学习。该思路和公司里的绩效奖励相似，当职员发现努力工作年终的时候会获得更高的绩效奖金，将强化努力工作这一行为；同样地，当发现迟到早退会导致奖金变少，将尽量规避此类行为。除了围棋机器人 AlphaGo 之外，强化学习在机器人、推荐系统、对话系统、金融等领域都有广泛的应用。

### 3.7.2 人工智能算法在建筑业的应用

人工智能算法的发展为建筑工程赋能数字化和智能化提供了强大的技术支撑，能够借助大量数据的输入，从而自行模拟和构建相应的一般性规律，有助于提高生产效率，提升企业的竞争力，并优化管理决策。但在实际的建筑工程项目中，由于涉及主体、阶段和专业的复杂性，工程数据往往包含图片、时间序列、文本等多模态数据类型，因而需要针对不同的数据类型开发不同的人工智能算法，以适应不同的工程需求。

1. 工程图片语义分析

人工智能算法在工程图片语义分析方面具有广泛的应用，可以帮助实现对建筑、施工和维护等方面的图片数据进行自动化分析和理解。在生成施工设计图纸的过程中，人工智能算法可以通过建筑物识别和历史设计数据分析，帮助工程师完善设计成果。例如通过识别周边建筑物和基础设施布局，完成建筑规划设计。在工程实际施工过程中，人工智能算法也可以用于工地安全监控，通过分析工地上拍摄得到的现场图片，识别和预警工地上潜在的安全风险，例如工人未戴安全帽、危险区域入侵等不安全行为。在对建筑设备的维护过程中，人工智能算法还可以通过对建筑设备运行过程中的图像进行分析，帮助实现设备的智能维护、损坏程度识别和故障预测。

**2. 工程时间序列数据异常识别**

工程建造涉及大量的时间序列数据，如传感器数据、施工进度数据等，人工智能算法可以准确识别异常的工程序列数据，因而在工程建造活动中具有巨大意义和价值。例如，针对施工进度异常检测，人工智能算法可以通过对施工进度数据进行建模，包括任务执行时间、工人进场时间等，实现对施工进度的日常监测和异常检测。针对设备运行状态监测，人工智能算法可以通过对设备运行状态数据进行建模，实现对设备状态的持续监测和异常识别。针对建筑能耗异常检测，人工智能算法可以通过对建筑能耗数据进行建模，实现对能耗异常的检测，包括能耗剧烈波动、异常耗能等情况。通过及时识别这些异常，项目管理人员可以及时发现潜在问题并采取措施，避免进度延误或设备故障对项目造成不良影响，并降低能源浪费、提高能源利用效率，为工程的可持续性发展作出贡献。

**3. 工程文本挖掘分析**

人工智能算法在工程建造文本挖掘中同样具有广泛应用。工程建造涉及大量的文本数据，如施工计划、合同文件、工程报告、技术规范等，这些文本数据包含了丰富的信息和知识。人工智能算法拥有强大的自然语言处理模型，例如 BERT（Bidirectional Encoder Representations from Transformers），可以用于对工程建造文本数据进行挖掘和分析，从而帮助提高工程项目管理的效率和决策质量。在工程文本自动分类中，BERT 可以利用其深度语义理解能力，对大量杂乱的工程文本，如施工事故报告、施工质量安全隐患单等，按照主题、类型等进行分类，有助于快速整理和归类文本数据，提高文本检索效率。在工程文本关键词提取中，BERT 可以从工程文本中完成关键词的提取，从而更快速地理解文本的关键内容和主题。在智能自动问答系统构建中，BERT 可以用于构建智能问答系统，通过从大量的施工质量安全规范文本数据中获取答案，回答施工工艺相关问题。人工智能算法作为高效的文本分析技术，可以为项目管理人员提供高效的信息获取工具，协助其更好地应对施工过程中的质量和安全问题。

总之，人工智能算法已经成为建筑行业数字化、智能化和自动化的重要推动力量，保证了互联网能够更好地服务建筑产业发展，进而打造出数字化、智能化的建筑业新生态系统。人工智能算法的普及虽然给建筑业带来了高效、可靠的解决方案，但同时人工智能算法的滥用也可能会带来一些数据隐私和安全问题。未来，建筑行业需要在应用人工智能算法时贯彻可持续发展理念，充分发挥人类智慧和创造力，在传统与科技之间找到最佳的结合点，以建造出更优秀、更有意义的建筑产品。

## 3.8 建筑信息模型技术

### 3.8.1 建筑信息模型技术的内涵

建筑信息模型（Building Information Modeling，BIM）技术是指在建设工程及设施全生命期内，对其物理和功能特性进行数字化表达，并依此设计、施工、运营的过程和结果的总称。近年来，随着科技的快速发展，建筑行业也在不断追求创新和改进，BIM 技术以其独特的特点和优势成为建筑设计、施工以及运维管理过程中的重要工具，为各个参与方提供了更好的协作与沟通平台。BIM 技术的特征主要包括以下几点：

1. 可视化

在施工工程中，可视化是 BIM 技术的重要作用之一，BIM 技术通过构建三维模型，实现对施工现场的立体展示，使得施工管理人员、建设人员、设计人员等各方能够直观地了解施工建筑形象。

2. 协调性

利用 BIM 技术构建的综合信息模型与实际施工情况和工程运行情况匹配程度较高，各部门人员可以在建筑工程项目过程中相互协调，实现不同工种、不同人员之间的衔接，增强建筑施工管理的兼容性，有效提高施工质量和效率。

3. 模拟性

在设计阶段，利用 BIM 技术依据施工中的组织设计对施工过程进行仿真，以制订出合理的施工方案以指导施工过程，同时也可进行施工模拟以达到控制成本的目的。

4. 数据化

采用 BIM 技术进行工程项目的信息化管理，实现大量数据的高效存储。此外基于上述数据进行快速而准确的计算和分析，从而改善过度依赖个人能力和经验的管理方式，实现建筑工程的精细化管理。

### 3.8.2 BIM 在建筑业的应用

BIM 技术不仅可以协助设计师们设计出合理、美观的建筑，还能够在施工过程中提供精细的协调工作，并在建筑项目竣工后提供准确的运维数据支持。以下将从设计、施工、运维三个阶段分别介绍 BIM 技术在建筑业的应用场景：

1. 建筑设计规划

在建筑设计规划阶段，BIM 技术通过协助设计人员进行构建建筑信息模型、优化建筑空间规划、分析建筑结构性能以及执行建筑碰撞检查等工作，可以有效提升设计人员的工作效率和设计质量。传统建筑业在规划建筑空间时通常只使用二维图纸来表示建筑空间，设计人员难以直观立体地感受到各空间元素的相互关系，导致建筑空间利用率低下，进而影响到建筑的功能性和经济性。而 BIM 技术能够以 3D 形式全面展示建筑的内部和外部空间，设计人员可以借此准确评估不同设计方案的空间效果。同时，BIM 技术可以将建筑的室内和室外空间进行分割，有助于设计人员更好地进行关键结构件参数的设计，确保工程项目结构设计方案中各项参数达到最优水平。同时，通过将不同专业的设计模型加载到 BIM 软件中，设计人员可从三维的角度对工程项目整体的碰撞情况做好相应的检查工作，并针对工程项目整体设计和施工做好统筹规划，模拟工程项目的实际施工活动，有效地提高工程施工效率和施工质量。

2. 建筑施工管理

在建筑施工阶段，BIM 技术可以协助工作人员优化施工准备流程，并模拟建筑项目的施工现场，有效提升施工过程中的效率与质量，保证项目能够按时交付。同时，BIM

可以提供一个虚拟的施工环境，BIM技术具备的三维动态模拟功能使得技术人员可以通过参数输入的方式实现对施工现场环境、技术设备等的构建与重组，帮助施工团队在实际动工之前进行准确而全面的模拟。BIM的动态模拟功能也可展示出住宅建筑施工的复杂结构与流程并将其简单化，深化技术人员对施工工艺与流程的认知。在模拟过程中，施工和管理人员可以通过观察和探索整个施工过程的细节，从而更好地理解和规划工作流程，对现场施工进行指导。此外，BIM技术还可以支持实时数据采集和分析，帮助管理人员了解施工现场的详细情况，作出明智的决策和管控措施，及时发现和解决问题，提高施工现场的安全性和质量。

3. 建筑运维管理

在建筑运维阶段，应用BIM技术可以有效提升资产管理水平，增强设施的管理能力，并通过开展结构的安全监测保证建筑的安全使用。传统的设施监测与故障处理主要依赖于人工的巡检和观察，设施信息难以及时、准确的更新，增加了后续运维管理的难度。而BIM技术可与传感器和监测设备集成，实时采集结构监测点数据，并利用高效的数据分析算法对这些数据进行处理和分析，因此监测人员可以获得准确而及时的结构状态信息，及时地对结构的健康状况进行评估，有效降低监测人员的工作量。例如，当某个监测点的数据出现异常或超过预定的阈值时，BIM模型可以根据事先设定的规则和算法发出预警信号，帮助监测人员快速获知结构存在的问题并采取相应的措施，保障结构的安全性。同时，BIM技术可以根据建筑使用者的实际需求，提供基于运维空间模型的工作空间可视化规划与管理功能，为运维人员提供决策支持。

总之，BIM技术作为建筑产业互联网的重要技术基础，通过信息集成、协同工作、可视化和数据驱动的决策支持，能够显著提升建筑行业的效率、质量和可持续发展能力。在建筑产业互联网中，BIM技术的应用为技术人员提供了便捷的线上协作平台，顺应了当下数字化、信息化建筑施工的趋势，为传统建筑产业探索出了“互联网+”的新路径，为推进我国建筑产业互联网的发展作出了卓越贡献。

## 3.9 人机交互技术

### 3.9.1 人机交互技术的内涵

人机交互（Human-Computer Interaction）技术是研究人、计算机以及它们间相互影响的技术，通过输入、输出设备实现人与计算机的对话。人机交互技术是计算机用户界面设计中的重要内容之一，随着技术发展与普及，人机交互技术也随之发生变化，其用户从特定的专业技术人员已经拓展到普遍的设备拥有者、消费者，其应用场景也变为了更多样的终端、任务以及更频繁的人机对话，人们对人机交互的要求也变得更高，彼此的对话也更自然。

常见的人机交互技术包括图形用户界面（Graphical User Interface，GUI）、虚拟现实（Virtual Reality，VR）和增强现实（Augmented Reality，AR）等技术。GUI是一种典型的人机交互技术，指采用图形方式显示的计算机操作用户界面。图形用户界面是一种人与计算机通信的界面显示格式，它允许用户使用鼠标等输入设备操纵屏幕上的图标、菜单选项等界面元素，从而实现命令选择、文件调用、程序启动和其他日常任务的执行。VR技术是基于计算机图形学的仿真技术，通过对三维环境的模拟，同时让用户能够与虚拟环境进行交互，使用户获得身临其境的沉浸式体验。AR技术是将计算机渲染生成的虚拟场景与真实世界中的场景无缝融合起来的一种技术，它通过视频显示设备将虚实融合的场景呈现给用户，使人们与计算机之间的交互更加的自然，增强用户对环境的体验和理解。相较而言，VR技术的目标是构建一个全新的、完全虚拟的环境，而AR技术则是将虚拟的元素与真实世界融合在一起，即虚拟的元素被叠加在真实环境中。随着信息技术的革新，交互触觉界面、VR和AR等新兴人机交互技术在建筑工程领域中得到深度应用，推动着建筑业智能化转型。

### 3.9.2 人机交互在建筑业的应用

作为新兴的建筑信息化技术，VR与AR等人机交互技术是实现建筑行业智慧化发展的有效途径，在建筑工程项目中有着广阔的应用前景。例如，在建筑设计、施工安全、房屋销售等建筑领域，人们可以通过人机交互技术直观地看到计算机生成的虚拟图像，通过更具交互性的可视化手段，帮助建筑设计师辅助规划设计，加强施工安全培训，同时缩短房屋销售流程。

1. 辅助建筑设计

随着数字技术的不断发展，建筑设计逐步向数字化方向发展，VR和AR技术的出现进一步强化了建筑设计的数字化水平。通过人机交互技术，设计师可以通过第一人称视角对建筑进行自由浏览，直观地感受和体验设计方案。相比传统的平面和三维模型，VR技术可以提供更加全面、直观、精准的建筑信息。BIM＋VR成了建筑设计的新趋势，不断推动着建筑设计图纸的发展和升级（图3-5）。此外，传统的建筑设计采用三维建模对建筑结构进行虚拟设计，用户难以真实体验建筑模型设计的合理性，AR技术可将虚拟设计与现实相融合，设计师在设计好建筑模型后，可将虚拟场景叠加展现在真实场景中，用户通过实时漫游等方式体验建筑空间布局规划是否合理、建筑模型设计是否符合审美，设计师可根据用户反馈对其设计方案进行修正，进而完善建筑设计效果。

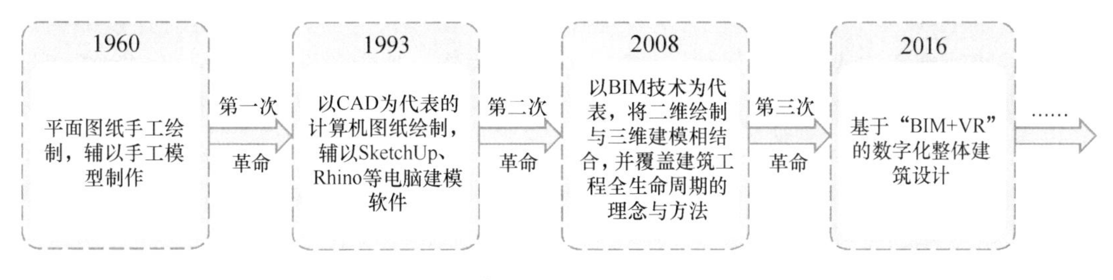


图3-5 建筑设计图制作发展轨迹

2. 施工安全培训

在施工安全培训方面，VR技术能激发参训人员的积极性，增强学习效果。与传统的说教式讲解和枯燥的文字阅读不同，VR技术支持下的安全教育运用多种VR设备，从视觉、听觉、触觉、嗅觉等多感官出发，沉浸式开展安全培训，让参训人员身临其境，切身感受到安全事故发生时的各种状况，如高坠、触电、物体打击等，从而获得更好的教育效果。虚拟现实设备能对施工作业场景进行100%还原，逼真的场景设计加上“学+练+演+考”全流程培训，在形式上带给参训人员“闯关”的游戏感和趣味性，激发参训人员的积极性，达到“寓教于乐”的效果。统计数据表明，传统教学模式在“施工现场安全隐患排查”“高空坠落安全防范”和“机械伤害安全防范”上的安全考核通过率分别为66.5%、78.7%和83.5%，而使用VR仿真系统模式教学的考试，通过率分别为92.1%、96.2%和97.2%。通过数据对比可以发现，VR虚拟仿真模式下的安全教育效果更好。

**3. 房屋产品销售**

房地产销售需求与人机交互技术相结合，诞生了“交互式样板间”，它根据实体样板房的设计和比例进行制作，购房者仅需戴上智能眼镜便能进入如“真实样板房”一样的交互式样板间。同时，交互式样板间比真实样板间的装修制作成本、后期投入更低。交互式样板间的造价成本不到传统的临时样板间成本的十分之一，真正做到了让样板房抛开造价的束缚，使其回归设计，回归产品力。且一般的实体样板间搭建周期至少需要3个月，而交互式样板间只需要10～15天，大大缩短了建设工期，加快了卖房流程，使得房地产公司的资金能够快速回流。此外，交互式样板间不只局限于室内，同样也适用于小区外景和城市规划，体验者可在项目内进行移动和漫游，自由浏览小区室外配套景观和城市整体布局。人机交互技术可对房屋建筑及周边环境高度还原，帮助购房者直观看到房屋内外环境，为购房者看房提供便利，促进卖房交易的达成。

总之，人机交互技术给建筑业发展提供了新路径，显著提高了设计效率和准确性，改进了沟通与协作的方式，提供了可视化预览和虚拟训练，为建筑产业互联网平台带来了更加高效、真实的服务体验。尽管人机交互技术在建筑业的应用还处于初步探索阶段，但是随着相关实践研究的逐步展开，未来将有可能在建筑工程领域得到大规模应用。

## 3.10 数字孪生技术

### 3.10.1 数字孪生技术的内涵

数字孪生（Digital Twin）作为实现虚实之间双向映射、动态交互、实时连接的关键途径，可将物理实体或系统的属性、结构、状态、性能、功能和行为映射到虚拟世界，形成高保真的动态多维、多尺度、多物理模型，为观察、认识、理解、控制和改造物理世界提供了一种有效手段。数字孪生技术能够以数字化的方式拷贝一个物理对象，模拟此对象在现实环境中的行为，对产品、制造过程乃至整个工厂进行虚拟仿真，从而提高制造企业产品研发和制造的生产效率。数字孪生的特点可以概括为以下几个方面：

**1. 精确反映物理对象**

数字孪生技术能够基于历史数据、实时数据以及算法模型等，在数字空间中映射物理实体的行为和状态，形成具有多专业、多尺度特性的数字孪生模型，这些模型因物理实体的不同、描述目标和方式的不同而呈现多样性。

**2. 与物理实体“共生”**

数字孪生与物理实体是孪生的一体两面，相互依存共生，体现为双向映射与交互过程。基于源自物理实体的多源数据持续完善数字孪生模型，以动态精确地刻画物理实体，确保基于数字孪生的仿真结果的可靠性。

3. 数据知识双重驱动

数据和知识是数字孪生的基础，驱动数字孪生的数据和知识来自于设计—生产—建造—运维等各个阶段。通过采集设计参数、环境参数、运行状态等数据并与专业领域知识相融合，在建模与仿真技术的支持下构建和优化数字孪生模型。

4. 不断演化与完善

基于各阶段数据的积累与应用，数字孪生模型在广度和深度上持续丰富和拓展，为产品从设计到运维等不同阶段提供精确的数据服务和决策支持，实现全流程闭环应用，从而确保产品管理的效率和准确性，为建筑产业的创新和发展提供支持。

### 3.10.2 数字孪生在建筑业的应用

数字孪生技术在建筑业的应用催生出了一种新的虚拟建筑模型，即“数字孪生建筑”。“数字孪生建筑”是指通过在建筑实体关键位置布设大量不同类型的传感器实现实时获取数据，利用数字在线仿真、多源数据融合、多尺度建模和三维可视化等技术，在虚拟空间完成实时映射的建筑数字孪生体。建筑的数字孪生体覆盖实体建筑的全生命周期，充分感知、监测实体建筑以便于优化和决策。数字孪生技术为建筑产业现代化提供了新思维和新方法，在建筑的设计、施工、运维全生命周期管理中发挥了关键作用，同时也为建筑智能化由工程技术向工程与管理融合转变开辟了新途径。

1. 工程设计数字化仿真

由于建筑工程本身复杂性的特点以及多样化的需求，常常需要在设计方案实施前构建“工程虚拟样机”，从而帮助设计人员从多个方面对工程产品的设计方案进行评估，并且不断优化。数字孪生技术可以通过输入建筑的多种参数与条件，生成一系列数字孪生仿真模拟结果。这些仿真模拟结果对于深入理解和分析建筑产品至关重要，设计人员能够及时发现潜在的问题并进行模型调整，为物理实体的构建提供科学指导，有效降低建造成本和风险，并最大限度地减少建造过程中的不确定性。例如，通过将设计相关的结构信息（几何信息、成本信息、材料性能、生产厂商、结构属性等）添加到所创建的模型中，并使用数学模型进行相关性能分析（适用性、安全性、耐久性）。通过仿真中的性能分析，可以及早发现潜在问题和风险，确保建筑结构的安全、耐久和合规。

2. 工程施工数字化管控

在工程施工过程中，往往会涉及一些复杂、高危的施工工序，通过数字孪生技术对工程施工进行数字化管控，可以在提高施工效率的同时保证施工的安全进行。例如，石化工程的建设过程中涉及一系列危险作业工序，通过构建数字孪生模型，可以实现施工作业区域、类型、工种、时间的实时反映并优化控制工人作业位置及其行为。在进行动火等高危作业之前，还可以向基于实时孪生的数字化监控平台申请作业许可票，在规定的时间内进入指定作业区域，进而确保没有与当前作业相冲突的其他作业正在进行，保证作业环境的安全性。在起重吊装作业中，针对现场可能遇到的空间碰撞问题，可以通过吊车关键部位的传感器数据（如底盘旋转角度、吊臂抬升角度、吊臂伸长长度等）重建吊车的实时姿势，并通过现场激光扫描得到的点云数据获取现场环境状况，实时比较吊车姿态数据和现场环境点云数据，判断是否存在空间碰撞问题，以保证起重吊装作业的安全进行。

### 3. 工程运维数字化管理

数字孪生模型能够实时反映建筑的状态和性能，为运维管理人员提供直观、全面的数据参考，有助于提高管理人员的决策效率，促进建筑项目的高效、智能和可持续发展。例如，数字孪生技术可以将建筑物的使用、维护数据映射到虚拟空间的数字孪生模型中，并通过数据挖掘和智能算法对数字化工程产品进行仿真和分析，实现对建筑设施的实时监测，及时发现设施运行中的异常情况并生成解决方案，并将解决措施结果实时反馈，指导建筑的运营管理和维护施工。同时，数字模型还能够提供建筑物各部位的详尽信息，维护人员可以利用上述信息快速定位故障点并进行修复，有效提高故障排查和维修的效率。此外，通过将资产管理的相关信息集成到数字孪生模型中，管理人员可以实时了解资产的状态和性能，进而对资产的当前价值和未来价值进行精确的计算和预测，确保资产在生命周期内发挥最大的价值，避免浪费，提高资产的利用率。

总之，数字孪生技术能够服务于全价值链、全产业链的工程建造活动，实现生产要素的优化与配置，为建筑产业互联网平台提供信息技术支撑，助力建筑业专业化能力提升和产业的转型升级。尽管数字孪生技术在建筑业领域的应用尚未全面普及，但其展现出的强大生命力仍不可小觑。未来，数字孪生技术将会不断向着智能交互、深度认知、全面感知、自我进化等方向前进，推动我国建筑产业互联网的发展。

## 本章小结

本章从建筑产业互联网技术系统的组成架构出发，介绍了包括通信、计算、应用的信息技术和涵盖人、机、料、法、环的建造技术等的系统化建筑产业技术体系，并从网络、数据、安全的维度针对建筑产业互联网中的信息技术展开阐述，介绍了工程物联网技术、工业标识技术、区块链技术、工程大数据技术、云计算技术、边缘计算技术、人工智能算法、建筑信息模型技术、人机交互技术和数字孪生技术的内涵，归纳了各技术要素在建筑业的应用场景，探讨了各技术要素对建筑业发展的影响及其未来的发展趋势，为第 4 章深入研究建筑产业互联网平台的建设与应用奠定了基础。

总而言之，建筑产业互联网技术要素作为建筑产业互联网的技术基础和支撑，是建筑行业数字化转型的重要组成部分，建筑产业互联网技术的发展不仅可以提高建筑企业的生产效率和管理水平，还对于推动建筑产业的可持续发展具有重要意义。通过工程物联网、工业标识、区块链等技术的应用，有助于推动建筑供应链上各个环节和企业的互联互通，重构建筑业现有的生产方式与商业模式，进而实现建筑产业的结构优化和转型升级。

## 思考题

1. 建筑产业互联网技术系统由哪些部分组成？其核心是什么？
2. 工程物联网技术与工程大数据技术的定义分别是什么？
3. 如何理解区块链技术在建筑工人信息管理中的应用？
4. 云计算技术和边缘计算技术的区别有哪些？
5. 列举出至少两个信息应用技术，描述它们在建筑业的应用场景有哪些。

# 4 建筑产业互联网平台建设与应用

**【知识图谱】**

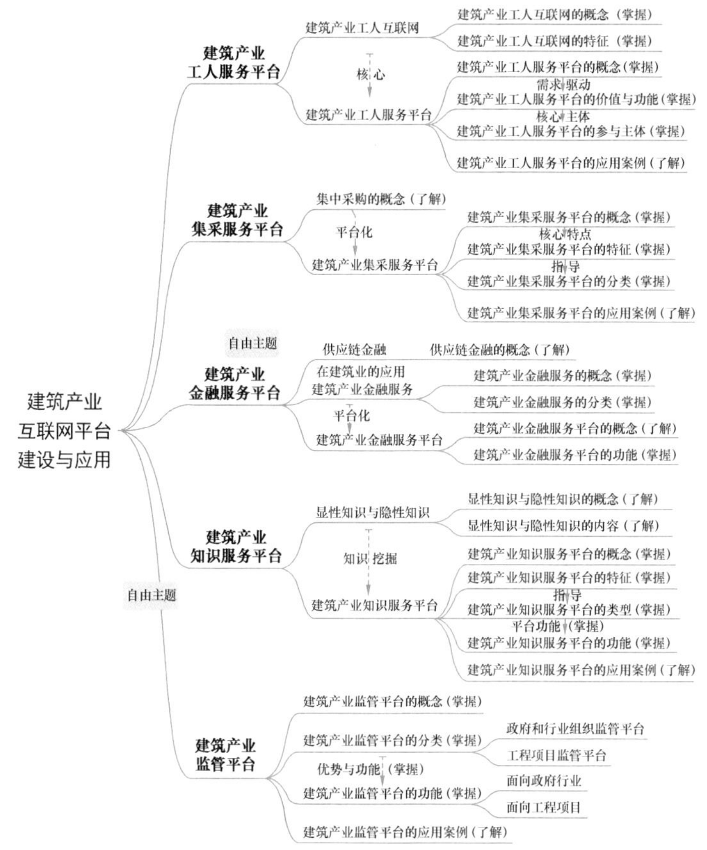


**【本章要点】**

知识点 1. 建筑产业互联网平台。

知识点 2. 建筑产业工人服务平台。

知识点 3. 建筑产业集采服务平台。

知识点 4. 建筑产业金融服务平台。

知识点 5. 建筑产业知识服务平台。

知识点 6. 建筑产业监管平台。

**【学习目标】**

(1) 掌握建筑产业互联网的基本要素。

(2) 了解建筑产业工人服务平台的建设与应用。

(3) 了解建筑产业集采服务平台的建设与应用。

(4) 了解建筑产业金融服务平台的建设与应用。

(5) 了解建筑产业知识服务平台的建设与应用。

(6) 了解建筑产业监管平台的建设与应用。

建筑产业互联网催出了多种多样的服务于建筑产业的平台，这些建筑产业互联网平台借助技术要素的支持，汇集众多组织，共享资源与信息，将建筑业的各参与主体聚集成为利益共同体，实现建筑业的数字化、网络化、智能化转型。建筑产业互联网平台是建筑产业互联网的重要载体，服务于建筑业的各个阶段，集成多参与主体的信息，整合建设资源，在政府及行业参与者的推动下，建筑产业互联网平台逐渐覆盖了建筑设计、施工到运维的全过程服务，帮助个人、企业、行业组织以及政府机构等建立联系，更好地满足各方需求。

建筑产业互联网平台是建筑产业互联的基础设施，其连接了建筑产业内各参与主体并形成生态系统，协助他们将自身人力、资金、技术、能力等资源输出到产业内，推动建筑业数字化转型，促使各参与主体利用建筑产业互联网平台，优化业务，实现产业增值，为用户提供满意的服务。

建筑产业互联网平台类型繁多，按服务流程可将其分为设计、施工、运维三大阶段的平台以及逐渐融合形成贯通建造全过程的建筑产业服务平台；按照服务主体，可分为B2B、B2C、C2B、C2C等平台类型。本章依据服务客体，从建筑产业互联网的人力、物资、资金和知识这四个维度资源的整合以及监管的角度出发，分别选取了建筑产业工人服务平台、建筑产业集采服务平台、建筑产业金融服务平台、建筑产业知识服务平台以及建筑产业监管平台这五类具有代表性的平台，来具体阐述建筑产业互联网平台的建设。

## 4.1 建筑产业工人服务平台

### 4.1.1 建筑产业工人服务平台概述

建筑产业工人是我国产业工人的重要组成部分，是建筑业发展的基础。党中央历来高度重视产业工人队伍建设，就产业工人队伍建设发表了一系列重要论述。2017年，中共中央、国务院印发的《新时期产业工人队伍建设改革方案》围绕加强和改进产业工人队伍思想政治建设、构建产业工人技能形成体系、运用互联网促进产业工人队伍建设、创新产业工人发展制度、强化产业工人队伍建设支撑保障5个方面，提出25条改革举措，涉及产业工人思想引领、技能提升、作用发挥、支撑保障等方面的体制机制，为推进产业工人队伍建设提供了重要保障。2020年，住房和城乡建设部等部门联合发布了《关于加快培育新时代建筑产业工人队伍的指导意见》（建市〔2020〕105号），指出建筑业产业工人发展的工作目标和主要任务，其中提出需要加快推动信息化管理，主要内容包括以下四点：完善全国建筑工人管理服务信息平台，充分运用物联网、计算机视觉、区块链等现代信息技术，实现建筑工人实名制管理、劳动合同管理、培训记录与考核评价信息管理、数字工地、作业绩效与评价等信息化管理；制定统一数据标准，加强各系统平台间的数据对接互认，实现全国数据互联共享；加强数据分析运用，将建筑工人管理数据与日常监管相结合，建立预警机制；加强信息安全保障工作。

建筑产业工人服务平台是在国家推动新时代建筑工人和建筑“互联网+”发展的背景下，促进建筑产业工人职业化、规范化建设的产物。

建筑产业工人服务平台利用互联网信息资源的集聚性和共享性，连接建筑产业工人培育的各个主体，服务于建筑工人职业生涯各个阶段、工程建设企业自有工人队伍建设、工程项目管理、建筑市场有序运行及政府监管等。

建筑产业工人服务平台的建设离不开建筑产业工人互联网。建筑产业工人互联网是将产业互联网技术与建筑工人数字化治理理念深度融合形成的服务生态系统。建筑产业工人互联网既是建筑工人产业化转型升级的关键信息保障，也是建筑产业互联网的重要组成部分，是工人治理平台化的体现。它在互联网等技术的支持下，逐步贯通建筑产业工人全职业周期管理，连通建筑工人、政府、施工企业等利益相关体，帮助他们共享数据，整合资源，建立信任，形成围绕建筑产业工人的服务方案，具备以下特征：

1. 数据要素的互联

建筑产业工人互联网围绕建筑产业工人职业活动中工人求职招聘信息、培训记录与技能信息等数据要素形成互联互通的网络，能为工人管理提供信息支持，是数据采集、存储、传输、分析、评价和辅助决策等服务实现的必要条件与物理基础。

2. 服务平台的支撑

建筑产业工人互联网以支持信息汇聚和资源整合的互联网平台为服务载体，实现对建筑工人全职业周期的价值赋能。建筑产业工人互联网平台是建筑产业工人互联网在人力资源管理的细化，是劳动力资源管理、分析和配置的关键，推动着建筑劳动力服务价值的提升。

3. 管理模式的优化

建筑产业工人互联网推动了建筑人力资源管理和监管方式的发展，整合多参与方和跨阶段的工人资源，推动一元单向管理模式向多元交互协同治理转变，激励劳动价值释放。它拓展了建筑工人生产与管理的边界，重组了价值链，推动了建筑工人集成管理延伸，释放了新动能，助力建筑产业工人高质量发展。

服务化转型是建筑业与产业互联网融合的关键，推动了依托互联网的服务交易模式，“以服务为中心”的价值转变为建筑业发展提供了新的生命力。建筑产业工人互联网服务于建筑业高质量建造，服务于建筑工人自身发展，也服务于建筑产业工人队伍建设。建筑产业工人互联网服务是建筑工人管理过程服务化的结果，目的是依托互联网平台的服务来促进建筑工人产业化的转型升级，并促进活动增值。工人管理相关的参与方加入平台生态汇聚行业资源，并通过数据交互共享促成资源的合理配置，提高了劳动力利用效率，有益于工人服务的全职业周期的协同管理，提高信息化管理水平，推进建筑产业工人培育。

为实现上述目标，建筑产业工人互联网服务需满足以下条件：一是服务要能贯通工人全职业周期，即具有跨阶段、跨组织的数据要素共享；二是形成有机协同多参与方价值共创的服务生态系统，即具有整合资源协调参与方服务交换的能力。

1. 建筑产业工人互联网服务贯通建筑工人全职业周期

建筑产业工人互联网的服务应涵盖多阶段、多参与方，信息能实现跨阶段、跨组织的流通，贯通工人全职业周期。建筑产业工人的全过程服务由不同阶段的服务共同构成，跨阶段的工人活动及其产生的数据能有机关联、互信共认，因此建筑产业工人互联网服务需要多种技术与管理手段的支持，打破组织间信息的壁垒，集成工人多阶段数据，构建建筑产业工人大数据库，建立完整的档案体系，并畅通信息流通渠道，促进数据交互共享，从而实现支持工人全职业周期的管理，完善工人记录及晋升渠道，激励工人自我提升。

### 2. 建筑产业工人互联网服务生态系统具有协调资源与价值共创的能力

建筑产业工人互联网是能自我调整的服务生态系统，具有整合并协调参与方资源的能力，促进互动以共创价值。建筑产业工人互联网服务系统不仅能满足多参与方的需求，且有能力促使各服务产生增值。数据驱动支持服务价值提升，建筑产业工人互联网在集成信息的基础上，利用建模与分析方法，辅助用户决策优化，从而使服务更精细、高效。建筑产业工人互联网是面向多参与方的有机整体，工人上一阶段的职业活动数据能为下一阶段的服务决策提供支持，促进价值释放与服务增值。多模块化服务的集成推动建筑产业工人价值链的重组，帮助服务与增值活动延伸，促进建筑产业工人互联网生态的有机融合，加强各参与方的互联互通与潜在价值发掘。

建筑产业工人服务平台遵循“赋能-价值”的逻辑，从数据赋能、用户赋能和生态赋能三个层面赋能服务，创造价值并实现价值共创共享。

#### 1. 数据赋能

建筑产业工人服务平台具有高效的数据聚合与分析能力并基于数据提供新资源或增值服务，驱动价值发现与创造。基于平台上工人、企业等主体产生的数据，为建筑工人评价计算、劳务供需匹配推荐等服务提供数据支撑，实现数据赋能。数据驱动的各项服务优化了以往经验和业务驱动的管理过程，汇集了分散的工人数据，且降低了管理的风险与不确定性，形成了工人过去记录可查、工人现在工作可见、工人未来培育明确的一体化贯通发展道路。

#### 2. 用户赋能

建筑产业工人服务平台在建筑产业互联网中作为媒介，连接各参与方用户，整合利益相关者的资源，逐步构建信任体系，促进数据可持续流通与共享，拓展产业与组织中可利用的资源边界。基于平台服务交易与治理模式，能形成用户的聚集效应，实现用户赋能。

#### 3. 生态赋能

建筑产业工人服务平台能通过加强用户互动与服务交换挖掘潜在需求，主导生态圈扩张方向与整合模式，实现价值链向价值网的演变，释放价值新动能，形成新业态。平台通过聚合各方参与，重构建筑工人培育治理的价值链，形成建筑工人互联网平台生态圈，实现生态赋能。

建筑产业工人服务平台架构体系如图 4-1 所示，感知层采集工人的数据要素，在数据层形成跨阶段、跨组织、全周期的建筑产业工人大数据系统，并通过建模与分析整合资源，为应用层的各服务提供支持。基于建筑产业工人平台的服务模式整合资源，有利于保护工人合法权益，助力职业技能提升，完善绩效考核，促进高效就业，保障有序流动，强化信息管理，创新服务内容，最终培育出具有工程职业伦理的技能型、知识型、创新型建筑产业工人队伍，如图 4-2 所示。

建筑产业工人服务平台的参与者涵盖了建筑工人产业化建设的各类主体，包括建筑产业工人、政府主管部门、培育基地、技能培训学校及技能鉴定机构、建筑施工企业等。

#### 1. 建筑产业工人

建筑产业工人既是平台生态中必不可少的参与者，也是平台活动中主要的服务与管理对象。建筑产业工人作为建筑行业的主力军，是建造活动最主要和最基础的劳动力资源。建筑产业工人是指不占有土地等生活资料，以劳动换取报酬作为主要收入来源，从事建筑

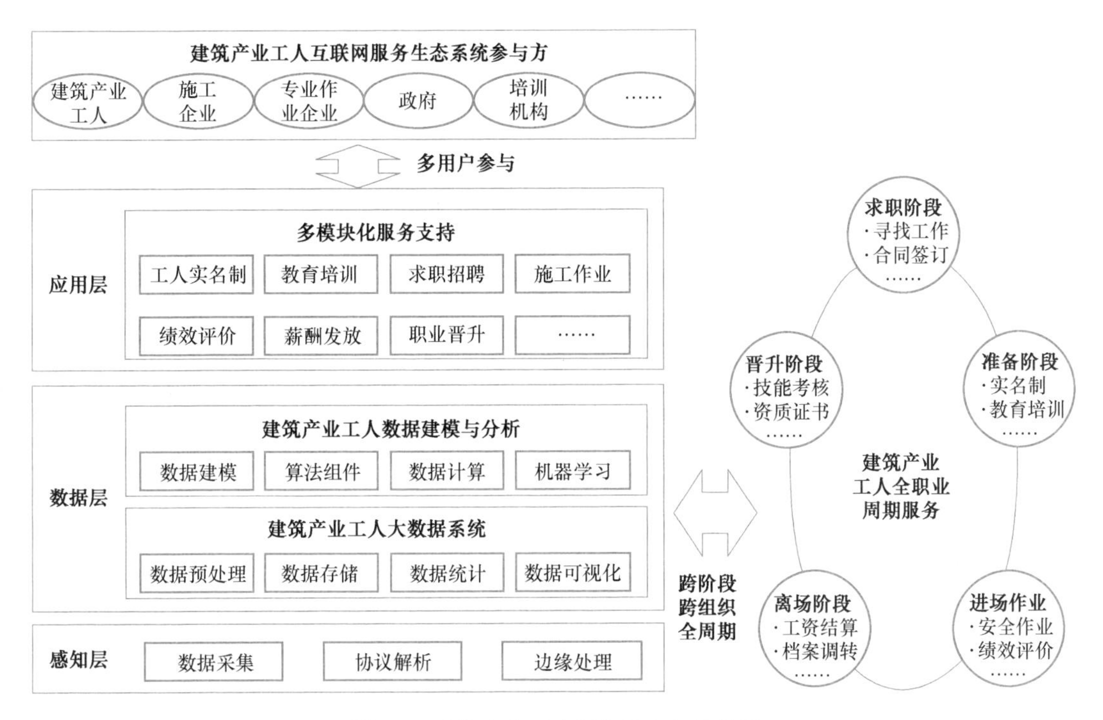


图 4-1 建筑产业工人服务平台架构体系

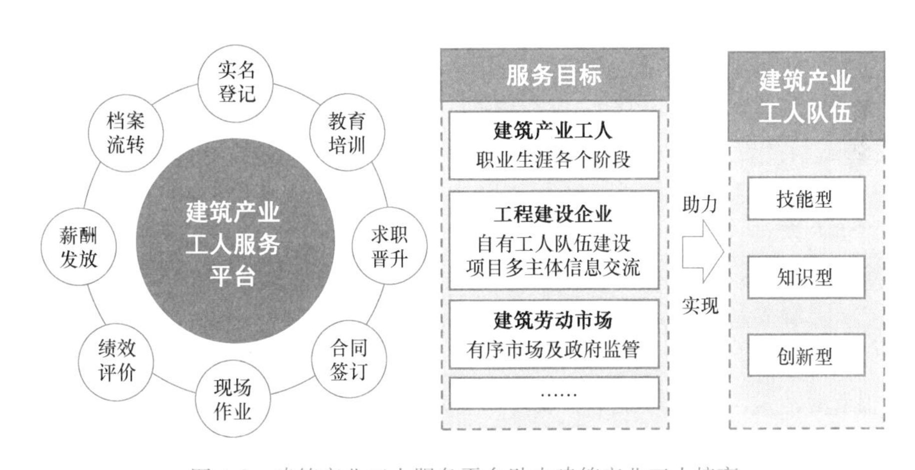


图 4-2 建筑产业工人服务平台助力建筑产业工人培育

业工作并能够享有工人的合法权益的群体，他们是我国产业工人的重要组成部分，也是建筑业高质量发展的重要人力资源，是建筑工人队伍发展与培育的目标，其主要特征如下：

（1）有门槛：有就业准入要求，不同工种不同能力的工人有对应的职业资格等级；

（2）有能力：具有与岗位相匹配的职业技能，并且具有高尚的职业道德；

（3）有组织：具有稳定的就业渠道和劳动关系；

（4）有评价：具有完整的评价体系，包括自我评价、企业评价和社会评价；

（5）有成长：具有完备系统的培育体系，在岗工人能再教育、再培训；

（6）有保障：具有社会保险、社会福利和社会救助等完善的保障体系；

（7）有激励：具有基于岗位＋职级＋绩效的收入体系、公平的分配制度和通畅的上升渠道。

2. 政府主管部门

政府主管部门重视产业工人建设，积极推动工人队伍从农民工向产业工人的转型，助推建筑业高质量发展。各级政府主管部门需要加强各个部门之间的协作，加强组织领导，建立协调机制，细化工作措施，扎实推进建筑工人队伍建设；同时就培育新一代建筑产业工人、持续提升建筑工人技能水平、完善建筑工人技能认定体系、改善建筑工人的就业和生活环境等出台相关政策；并对建设产业工人队伍进行指导，推动工人管理的信息化建设，完善管理制度。政府主管部门需要在建筑工人平台的建设中发挥领头羊的作用，为社会各界的积极跟进扫通道路。

3. 培育基地

培育基地是平台生态中不可缺少的生产者，推动着建筑产业的持续发展。劳务输出地政府与大型建筑企业合作设立培育基地，吸纳本地有意愿的城镇、农村人口进入建筑产业，并引导建筑工人进行实名制建档，扩大建筑产业工人规模。在明确产业需求的基础上，结合地方特色，与企业合作对建筑工人进行初步的理论知识教育与实操训练，以此提升工人的基础职业素养。这些建筑工人能够满足建筑企业对自有工人的需求，也能够引导成立一批专业作业企业或对外输出。

4. 技能培训学校及技能鉴定机构

技能培训学校及技能鉴定机构负责建筑工人的技能提升、再培训以及技能水平的考核与鉴定，这些技能是建筑工人产业化建设过程中不可或缺的环节。技能培训学校及鉴定机构需要参与到建筑产业工人服务平台的建设中，将技能培训和鉴定的过程信息上传至平台数据库，推动建筑工人职业记录信息化管理。经过政府认定、资质齐全的技能培训学校及技能鉴定机构，可以为通过培训和考核的建筑工人颁发电子证书，促使工人技能培训与鉴定信息在行业内互通互认，并通过电子防伪技术与一体化查证机制，有效避免履历造假，规范建筑培训与考核。

5. 建筑施工企业

建筑工人是建筑施工企业的重要组成部分，建筑工人依托于施工企业进行劳动作业，施工企业依靠工人的特种运动达成预期的建设目标。建筑施工企业特别是特种作业企业，建立和使用自有产业工人队伍是企业发展的客观要求，也是企业做大做强的根本保证。然而，自有产业工人队伍的建设靠企业独自完成存在困难，需要政府、工人培育机构等共同发力，建筑施工企业提供资金及需求，培育机构为企业提供培训服务、政府主管部门制定相关激励政策等。随着我国建设法律法规的完善，逐步明确了建筑施工企业对建筑工人的管理与责任要求，依靠建筑产业工人服务平台，能更好地落实建设劳务关系中的权利与义务问题。施工企业在建筑工人实名制、薪资发放、安全保障等方面具有不可推卸的管理义务。建筑工人实名制管理制度要求施工企业等用人单位招收建筑工人时都必须依法订立并履行劳动合同，建立权责明确的劳动关系，严格落实劳务人员实名制，加强自有劳务人员的管理，施工企业对建筑工人具有安全管理的责任。同时，依据《国务院办公厅关于促进建筑业持续健康发展的意见》（国办发〔2017〕19 号），建筑施工企业还需落实工人的参保问题，用人单位需及时为建筑工人办理参加工伤保险手续，并按时足额缴纳工伤保费，履行社会责任，不断改善建筑工人的工作环境，提升职业健康水平，促进建筑工人稳定就业。利用建筑产业工人服务平台，可以高效管理建筑工人的薪酬发放、安全教育和工伤保险等信息，促使建筑工人稳定就业，保障工人安全生产基本权利的落实，规范生产中的劳动关系。

### 4.1.2 建筑产业工人服务平台的功能

建筑产业工人服务平台主要服务于建筑产业工人职业生涯各个阶段，帮助工程建设企业自有工人队伍建设和维护建筑劳动力市场有序流动及政府监管。

#### 1. 服务建筑产业工人职业生涯

根据建筑产业工人的工作性质、工人管理的具体内容以及产业工人信息的特点，从工人培训、求职、合约签订、工人进场、工人作业、绩效评价、工资发放、工人离场等阶段出发，对建筑产业工人进行服务。主要包含以下内容：

（1）建筑产业工人实名制与职业培训鉴定。在实名制方面，建筑产业工人服务平台记录建筑产业工人的职业信息，包括工人身份信息、培训及职级信息、从业记录和绩效信息等信息，便于建筑产业工人个人职业信息在不同企业、不同项目间流转，提升建筑产业工人信息管理效率。在职业培训和技能鉴定方面，平台整合现有的建筑工人技能鉴定机构，制定建筑工人技能鉴定标准，明确各工种各等级的技术要求，通过平台向注册的所有建筑工人公开，为其日常劳务作业和参与技能鉴定提供参考，并实现用工企业与培训机构之间的订单式建筑工人培训，提高培训效率。

（2）建筑产业工人就业。利用建筑产业工人服务平台实现建筑劳务供需双方高效精准对接，平台通过汇集各方信息需求，集成智能优化算法，实现工人与岗位、技能与作业的匹配，提高效益，并且支持建筑产业工人就业状态跟踪、形成可追溯的个人业绩电子档案、劳资双方用工后互评价、再就业服务、法务支持服务、最新政策公告与解读等。

（3）建筑产业工人权益保护。建筑产业工人服务平台支持保障建筑工人薪酬福利，通过建立全国统一的建筑工人薪酬支付保障制度体系，将工种类型、技能级别、工作业绩和薪酬福利挂钩，使建筑工人充分享受城市“五险一金”待遇等。除此之外，平台能收集建筑工人和用工企业提出的利益诉求、改进建议等，帮助企业改善自身用工体系。

（4）建筑产业工人作业。在物联网技术的加持下，建筑产业工人服务平台能通过集成各类智能终端设备，提升项目现场劳务工人的管理水平。平台能够实现实名制管理、考勤管理、安全教育管理、视频监控管理、工资监管、后勤管理以及基于业务的各类统计分析等服务，增强项目现场的劳务用工管理能力，辅助提升政府对劳务用工的监管效率，保障劳务工人与企业利益。

#### 2. 帮助工程建设企业自有工人队伍建设

借助建筑产业工人服务平台的建立和推广运用，将逐渐替代“建筑劳务公司”“包工头”“带班”的市场作用，实现用工方式正规化、管理方式规范化。自有工人队伍建设主要包括以下几个阶段：

（1）发展建筑业劳务“专精特新”企业。鼓励、引导有一定组织、管理能力的“建筑劳务公司”“包工头”，通过引进人才、设备等途径向总承包和专业分包公司转型发展，做专做精，成为建筑业用工主体。

（2）引导企业培育自有工人队伍。待发展到一定阶段，逐步打击“包工头”式非法用工，逐步消除“建筑农民工群体”。建筑产业工人服务平台通过激励政策鼓励建筑企业培育自有建筑产业工人队伍，以此提高自有建筑工人比例，利用平台整合多重资源，企业能和第三方培训机构签订培养协议，并与其共同制定企业建筑工人的人才培养计划和培养目标，培训机构以此来根据协议分批次、分层面、分种类地对企业建筑工人开展教育培训工作，企业在培训的过程中需要做好过程的监督和成果的检查验收，由此来减少企业在人才培养上过多的精力投入。

（3）建立施工承包企业以自有建筑产业工人为主体的用工方式。自有工人负责承担施工现场作业带班或监督等工作，并受到平台的监督和保护。自有工人将与长期用工单位建立相对稳定的劳动关系，依法签订劳动合同，实现建筑业农民工向技术工人转型，并提高建筑产业工人的归属感。

3. 帮助维护建筑劳动力市场有序流动及政府监管

建筑产业工人服务平台整合了承包企业、专业作业企业、建筑工人、建筑项目等多方信息。通过对多维统计和行业数据分析，可以为政府部门监管和政策规划提供可靠的数据支撑。一方面，在获得的全面信息基础上，将平台各个参与主体与其在建筑市场中的历史表现联系在一起，有利于形成对不良履约行为的制约，从而建立建筑劳工市场的良性竞争秩序，完善建筑行业诚信体系。对于工人参与“恶意讨薪”、包工头组织“恶意讨薪”、用工单位拖欠工程款等行为，平台则将行为主体纳入黑名单，一定期限内不得在平台进行任何用工交易；另一方面，住房和城乡建设部、各级建设主管部门、建筑业行业协会、人力资源和社会保障部门等利用平台进行全过程监管和服务，时刻了解建筑劳动力市场动向，有利于多部门协同规划，制定有效政策。

### 4.1.3 建筑产业工人服务平台的应用案例

现代信息技术在建筑业广泛渗透，催生了搭载在互联网基础上的建筑工人信息化管理与服务的新模式，推动了政府、行业机构、施工企业等不同组织的互联互通，促进融合与协作，积极发挥各自在技术、数据、用户等方面的优势，开展建筑产业工人互联网平台建设的实践探索。面向不同的主体与应用场景，可将建筑产业工人服务平台分为以政府监管、行业资源整合以及企业与项目人力管理为中心的不同形态模式。以“全国建筑工人管理服务信息平台”为代表的监管类平台，为建筑产业工人提供实名制信息记录等服务，是国家推行的为保护工人权益的建筑工人管理服务平台；以“云筑工人平台”为代表的整合行业资源的工人服务与管理平台，围绕建筑产业工人管理提供各类服务；以“建筑产业工人综合评价系统”为代表的数据共享与评价的建筑工人管理平台，汇集企业与建设项目的工人信息，实现数据的共享、可信认证与溯源服务。

1. 全国建筑工人管理服务信息平台

全国建筑工人管理服务信息平台是国家推行的建筑工人管理平台，旨在通过政府层面监管建筑业的劳务用工情况。2018 年 11 月 12 日，住房和城乡建设部正式启用该平台，推进建筑工人实名制管理，切实保障工人合法权益。同时各省住房城乡建设主管部门需要同时推进本地区的工人管理平台建设，完善相关制度，加强建筑工人实名制管理，及时记录建筑工人的身份、培训情况、职业技能、从业记录等信息，逐步实现全国房屋建筑和市政基础设施工程建设领域建设项目全覆盖，实现本地区范围内数据互联共享，并确保数据安全、准确、完整、及时，对建筑工人情况进行监管。

各省级住房城乡建设主管部门要按照《全国建筑工人管理服务信息平台数据标准（试行）》要求开展本地区平台建设，建立统一的平台设计规范，并按照《全国建筑工人管理服务信息平台数据接口标准（试行）》实现与全国平台中央数据库的互联共享。这些标准规范了编码规则与数据字典，明确了企业、项目、人员以及信用数据标准，确定了六个级别的职业技能等级与三个级别的职称等级。

全国建筑工人管理服务信息平台包含政策动态、信用数据、教育培训、项目现场端等多个服务模块：在政策动态模块及时发布与建筑工人管理相关的政策法规和各地动态通知；在信用数据模块公布企业和个人的记录；在教育培训模块发布培训资讯与培训知识资料；项目现场端模块主要包括参建单位管理、班组管理、工人管理、门禁分区、考勤管理和系统配置几个部分，免费提供给项目的实名制信息采集及上传的软件系统使用。项目现场端系统通过硬件设备采集实名制及考勤信息，确保信息的准确率和采集效率，实现数字信息化管理，方便管理人员及时查看与跟进。

2. 云筑工人平台

云筑工人平台

云筑工人平台具有建筑劳务管理、工人招聘等功能，打通了工人入场、在场和退场三大环节等关键步骤，在降低管理工作强度的同时，还能形成完整的证据链，让参与各方更高效地协同：

（1）工人实名入场“简单扫”：云筑工人平台支持实名认证、远程扫码登记等功能，工人在入场时能扫描现场的二维码进行签到。

（2）电子劳动合同“简单签”：针对建筑行业定向开发电子劳动合同，快速完成电子劳动合同及入场承诺书线上签署归档。

（3）安全教育“简单学”：工人通过扫脸签到开启自主学习。平台采取激励措施激发工人的学习热情，同时支持企业项目自定义导入安全教育培训课程。

（4）全场景考勤“简单打”：企业设置打卡规则，工人轻松打卡。该服务可针对不同类型的人员，可应用于开放式场景、封闭式场景、无智能机场景和无网场景。

（5）智能工资核算“简单出”：企业自定义设置班组、工种、工人工资计算规则，平台提供日薪、月薪、计量等多种计薪方式，智能核算，自动生成工资单，使劳务费支付情况实时可见。

（6）工资单在线核对“简单审”：工资单上传下达，工人一键确认免纠纷，减少做工资单及对账时间。平台提供完成企业内部工资单确认流程审批服务，为工资发放做准备，减少线下流程时间。

（7）退场承诺书签订“简单退”：正常退场工人在线签署退场承诺书，退场承诺书由专业法律顾问制定模板，相应信息自动生成，形成证据链闭环。多日未出勤人员会上报提醒并自动退场。

（8）一人一档完整证据链“简单导”：工人在项目的所有数据均会形成数字档案，支持导出以应用到检查或管理场景。

（9）质量、安全管理“简单查”：管理员现场移动拍照锁定安全问题，即查即报快速处理，平台根据安全等级问题自动生成整改意见，让管理员快速发起整改、罚款、警告等操作，快速排除施工安全隐患。

### 3. 建筑产业工人综合评价系统

建筑产业工人综合评价系统是多组织融合区块链等信息技术共同合作开发的建筑工人综合管理平台。平台建设初衷是解决目前行业里用工评价过于主观，缺少客观数据分析的问题。平台定位为数据中心、规则引擎和评价生成工具，依托各单位原有的数据收集系统进行数据共享，平台底层基于区块链技术支持，各地政府或大型企业作为联盟链节点加入平台系统，实现数据的共享、可信认证与溯源。每一个节点都是一个区域数据中心，数据上传后由节点向区块链平台进行数据指纹注册，用于其他节点进行数据同步和数据有效性验证。在各参与方业务系统上传关键数据后，他们可以基于同一套数据源，利用平台提供的规则引擎，制定不同的评价规则，从而满足其不同的评价需求。同时评价结果也可由各单位自由使用，以完成其特定目标。此外，平台设计有工人、班组、企业数据库集成信息用于档案管理，为产业工人评定、劳务用工、职业技能培训、工人权益保障等应用场景提供数据支持。

建筑产业工人综合评价系统首次在建筑行业里提出并实践了全数字、全过程评价体系建设的新思路，主要由数据看板、档案管理、评价管理、用户管理、组织管理、应用管理、系统管理 7 大模块组成（图 4-3）。

图 4-3　建筑产业工人综合评价系统模块组成

（1）数据看板模块：提供各类汇总数据和分析数据概览。

（2）档案管理模块：提供工人、班组、企业的详细档案查看功能。

（3）评价管理模块：提供等级设置、规则设置及等级结果分析等功能，是系统的核心功能。

（4）用户管理模块：提供系统用户、角色、部门的管理和配置。

（5）组织管理模块：管理数据共享组织，实现账号分配和密码管理。

（6）应用管理模块：是各组织能共享数据的关键，可为各应用进行授权和接口配置。

（7）系统管理模块：提供系统运行的基本配置能力，如菜单管理、定时任务、操作日志等。

为了对各单位上传的数据进行可信性验证，防止数据在传输或者使用过程中被篡改，建筑产业工人综合评价系统背后还有一个区块链平台作为支撑。区块链平台以长安链为底座，在此之上，构建了证书管理、组织管理、节点管理、合约管理、机票管理、链管理等功能模块（图 4-4）。

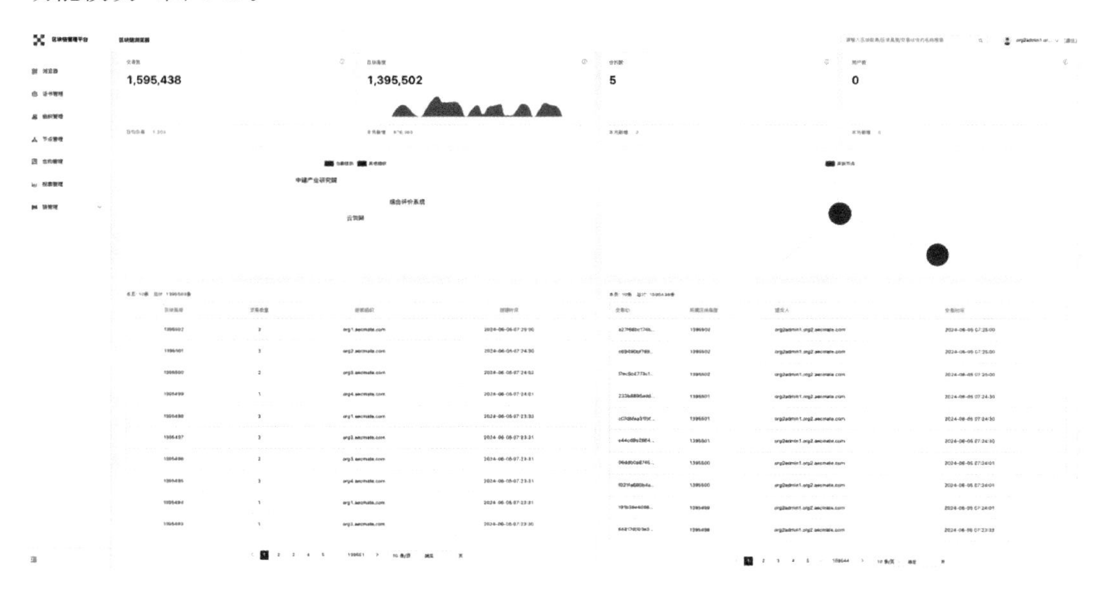


图 4-4　建筑产业工人综合评价系统中的区块链平台

另外，建筑产业工人综合评价系统还可为招工方和用工方提供沟通的桥梁，依托系统的业务数据和评价数据，为用工方展示更加真实可信的工人数字档案，帮用工方找到好工人，帮工人找到好工作。

建筑产业工人综合评价系统构架如图 4-5 所示。

建筑产业工人综合评价系统平台面向不同用户群体，设计有多个业务应用场景，为平台的参与方提供多样化与个性化的服务。

（1）电子档案数据库：联盟链各节点参与方通过统一的标准与接口收集数据并共享至平台，平台分类整合资源搭建工人库、班组库、企业库等数据库，形成建筑产业大数据基础，为后续各类服务提供数据支持。面向具体场景应用，依据内置规则设计进一步整合生成工人档案、班组档案、企业档案，支持黑名单、日常监管等服务。

（2）工人评价：建筑工人的评价难以形成统一的标准，因各地规则与组织内部需求而有所不同，平台为各用户提供个性化的评价指标定制服务。不同的参与单位可根据实际情况制定建筑产业工人的评价指标，同时也为同属地间提供可共同制定的评价指标，实现评价结果在不同属地间互认互通。

（3）职业教育培训：依据工人档案数据，可为不同等级的工人制定职业教育培训体系，针对不同的工人群体进行有针对性的教育和培训，帮助建筑工人职级晋升，同时将培训结束记录在平台数据库中，可以避免重复培训，减少管理成本。

（4）薪资福利：依据制定的评价规则，可为不同等级的工人制定差异化的薪资福利，引导企业将薪酬与建筑工人技能等级挂钩，实现技高者多得、多劳者多得，同时也激励工

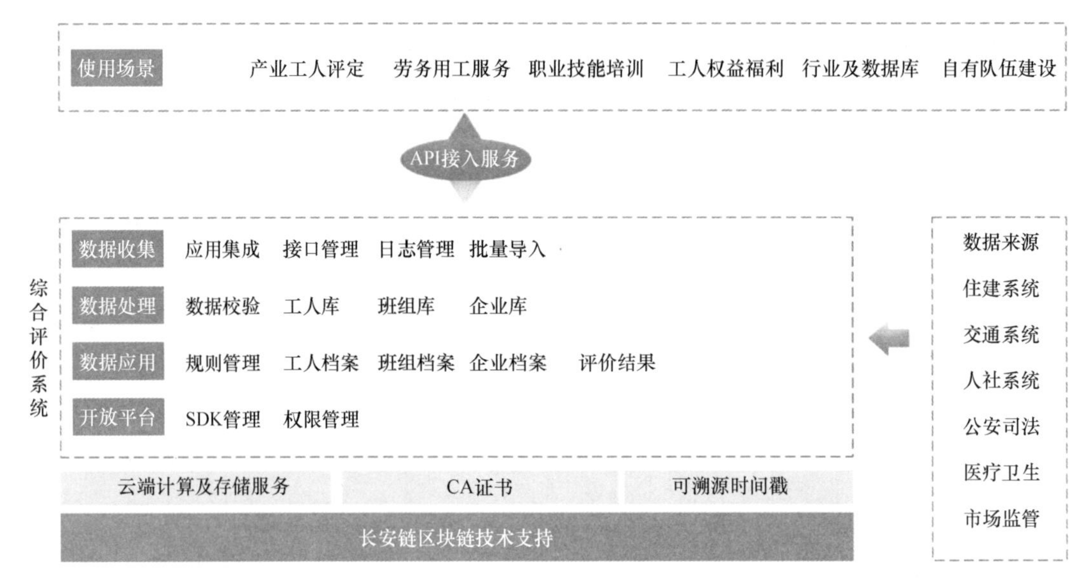


图 4-5 建筑产业工人综合评价系统构架

人注重职业技能与工作能力的提升，助力建筑工人高质量发展。

（5）建筑劳务：平台可以改善劳务用工管理，支持在线交流，提供劳务用工撮合服务。基于海量工人信息，抽象出工人画像，支持查验工人履历的真实性，帮助用工单位快速招聘优质工人，同时集成大量招工信息，能够为工人定向推荐合适的工作，提高劳动力市场的配置效率。依托平台管理模式，实现基于数字化的多边主体资源配置，通过平台化的资源配置方式，广泛调动供给和需求，实现精准匹配。

## 4.2 建筑产业集采服务平台

### 4.2.1 建筑产业集采服务平台概述

建筑产业集采服务平台指基于互联网技术，专为建筑行业打造的集中采购服务平台。建筑产业集采服务平台依托互联网整合供应商资源，利用大数据、人工智能、区块链等技术服务支持，将众多的建筑产业链上下游的企业聚合在一起，形成一个集体利益共同体。平台引导促成不同类型的主体在平台上进行与采购活动相关的服务交易，并对服务交易和实施过程进行管理。借助平台模式的采购业务形式，企业能够实现采购网络化、在线化、协同化，也推动其在经营理念、管理模式、业务流程、技术方法等方面的转变，以适应建筑行业的数字化转型升级的发展。

建筑产业集采服务平台是为应对与日俱增的采购成本压力和采购管理不足而产生的建筑业信息化产物。中国一直是世界上建设规模最大的国家之一，建筑企业数量庞大，参与工程众多，导致材料的需求量较大。但大部分建筑企业暂未形成集采效益，即还没有建立足够大的集采规模来带动经济效益的提高，而分散独立采购建材会导致建材的购进成本高昂，这样的采购模式既会造成企业采购项目建设成本居高不下，同时也与现如今社会经济信息化的发展方向背道而驰。一直以来，国内城市建设的规模化增长掩盖了一些建筑企业的采购管理缺陷，例如项目总成本的 60%～70%通常来源于各种类型的建筑材料采购。在此过程中，企业面临着供货商比选以及采购调度等管理难题，材料设备采购的成本很大程度上决定了项目的盈利程度。随着建筑业逐步向高质量发展，上述的采购工作缺陷会逐渐显现，甚至被放大，严重影响企业的生存与发展。

随着建筑业产值的降低，行业毛利降低，建筑企业的营收缺少保障，控制成本成为建筑企业必须要落实的工作。集中采购作为一种管理措施，指对某一品类的材料设备统一进行采购需求管理、供应商管理以及结算支付管理的采购模式，控制成本的压力促使了集中采购措施的采取，集中采购的模式也成了建筑企业大势所趋，其本质是将分散的需求集中起来，形成具有规模优势的企业采购模式。利用建筑产业互联网建立建筑产业集采服务平台能很好地发挥集中采购的优势。住房和城乡建设部发布的《"十四五"建筑业发展规划》（建市〔2022〕11 号）提出要加快智能建造与新型工业化协同发展，打造围绕部品部件生产采购配送等的建筑产业互联网集采服务平台。

"降本"是建筑产业集采服务平台的显著优势，利用集采平台提供集中采购的服务模式带来的规模效应，能够降低材料设备的采购成本，缓解企业的盈亏失衡。但是，建筑产业集采服务平台不仅局限于物资的集中采购，其内涵还在于"增效"，建筑产业集采服务平台通过统一的规范化管理，对流程、信息传递时间等进行缩短，对优势资源进行集中整合，让采购更有效率、更好地服务于生产一线，与以往零散的采购不同，建筑产业集采服务平台有以下四个方面的特征：

#### 1. 组织特征

建筑产业集采服务平台基于接收采购主体的需求，为开展采购活动提供了统一的时间、地点、流程、规则等。不同的采购主体有不同的需求，加强采购需求使用主体与采购组织实施主体的协同配合，建立集中统一、专业高效、层级清晰的集中采购组织体系，是保证集采服务平台成功的组织基础。

#### 2. 需求特征

建筑产业集采服务平台的采购范围是具有技术标准统一的通用货物或服务，对于有特殊个性需求、还未形成统一技术标准的货物或规模较小的零星项目，一般难以实现分类集中采购。根据不同标准分次集中采购将会增加采购成本并降低采购效率。为了提高采购服务的效率，应建立标准化流程。

#### 3. 程序特征

建筑产业集采服务平台涉及多家采购单位且流程繁琐，采购的标准化程度更高。与单一项目采购相比，集中采购所涉及的文件审定、分标分包规则、评审方法以及评审组织等程序事项具有简单和重复的特点，同时也面临着多次采购内的多种需求和管控的复杂性。

#### 4. 价值目标特征

建筑产业集采服务平台具有广泛的社会影响，同时也存在较高的法律风险和廉政问题，因此在采购过程中需要严格遵守公共性、透明度和规范性的要求。同时，集采服务平台还可以发挥规模优势，提高采购效率并降低采购成本，助力实现企业的集约化发展目标。与单独分散采购相比，集采服务平台可以更好地实现各个价值目标的平衡。

### 4.2.2 建筑产业集采服务平台的功能

建筑产业的采购信息分散，采购供应商难以及时抓住投标机会。而集采服务平台利用网络优势，将分散的信息收集汇聚，并通过短信、邮件、电话等方式准确及时地更新招标预告，使得采购供应商能够把控项目招标进度，以及招标采购需求。依据平台服务模式的不同，集采服务平台可以集成不同的功能，包括交易撮合服务、线上招标投标服务、信息集成发布服务和物资供应链管理等。

（1）综合集采平台——以大数据、区块链技术等为核心，为采购双方提供大宗建材、零星物资的撮合交易等服务。针对建筑行业集采管理常见的“采而不集，集而未管，管则难控”问题，平台构建线上集采、区域联采、直播采购等“互联网＋集中采购”模式，方便建筑行业的集采管控；针对建筑工地零星物资采购“管理缺位、交易不透明、价格和数量缺乏有效管控”的问题，平台采用商城自营模式，通过缩短供应链、降低流通成本、开拓厂家直供渠道、开发厂商源头等方式为客户提供新的采购方式，降本增效。

（2）集采招标平台——为采购双方提供材料、机械采购等的线上招标服务。采购需求方根据具体的工程项目，利用集采平台发布采购招标信息，吸引优质采购供应商入库竞标。平台提供了更便捷的招标投标服务，避免了以往线下招标投标程序繁琐、成本高昂等问题。

（3）集采信息整合平台——提供一个信息平台，以向投标中介机构（如招标代理人、咨询公司、业主方、建筑企业和设计单位等）、各种供应厂商及买家以及海外投资者提供项目招标、采购、招商等信息的发布与查询。利用集采信息整合平台，能快速获取想了解的建筑企业信息，有助于发现新的商业交易可能。

（4）供应链管理平台——基于全周期的供应链管理系统全程管控物资采购，保障材料供应。借助供应链管理系统，工厂资源将实现从设计—计划—制造—交互—运维的全流程改造，使各链路更加智能化和透明化，制造端可以通过抓取更好的“产品排期”来优化库存、提升效率、降低能耗，实现提质增效，并能够为采购商及全行业施工企业带来新的价值空间、数据参照、招标投标信息服务等。建筑产业的供应链管理通过对供应商进行分类管理和直观且易于使用的供应商操作平台，对供应商信息、绩效和关系进行全面管控，促进对供应商绩效表现的全面了解，增强业务掌控力。

建筑相关企业可以通过使用集采服务平台实现采购管理的规范化和标准化，提高采购效率和采购质量，从而提高企业的盈利能力和市场竞争力。总的来说，相较于传统的建筑物资采购，基于平台的集采服务具有以下优势：

#### 1. 降低采购成本

建筑产业集采服务平台可以通过集中采购实现规模效应和成本效应，同时平台可以为企业提供多家供应商的产品比较和价格竞争，帮助企业获得更好的采购报价和更优惠的采购条件，从而降低采购成本。

#### 2. 提高采购效率

建筑产业集采服务平台可以通过提供在线采购功能，使企业可以方便快捷地进行采购，从而提高采购效率。平台可以为企业提供集中采购决策和管理，优化采购流程和采购环节，缩短采购周期，提高采购效率。

3. 优化供应商管理

建筑产业集采服务平台可以通过建立完善的供应商管理体系，对供应商进行评估和管理，从而优化供应商管理。平台可以为企业提供供应商信息管理、供应商评估、供应商筛选等功能，帮助企业选择优质的供应商，避免不良供应商的影响，提高采购质量和效益。

4. 提高采购透明度

建筑产业集采服务平台可以提高采购过程的透明度，使采购过程更加公开透明。平台可以为企业提供采购过程中的信息公示和跟踪功能，有助于采购决策的公正和透明，减少欺诈贪腐。

5. 降低采购风险

建筑产业集采服务平台可以通过平台集成信息，建立供应链风险管理体系，降低采购风险。平台可以为企业提供供应商信用评估、供应商风险监测等功能，避免采购过程中的风险，保障企业的采购安全。

### 4.2.3 建筑产业集采服务平台的应用案例

1. 采购电子商务平台

某采购电子商务平台是遵循云应用化、一体化、智能化的总体设计思想，覆盖建筑行业全标的类型、全采购方式、全组织形式的线上一体化采购管控平台，旨在搭建建筑企业采购供应生态圈，充分发挥集中采购规模优势，助力企业降本增效，快速实现数字化转型。开发企业按照“一个平台，两级集采，三级管理”的思路，持续推进集采工作，构建了该采购电子商务平台，推进了战略采购供应，探索了主要物资区域性集中采购供应。

该平台建设按照“一体化、数字化、智能化、云应用化”的总体思路，融合互联网、大数据、区块链、人工智能、5G等新一代信息技术和数字技术，逐步优化完善集采管控、数字交易系统、智慧物流、供应链金融服务、数据服务核心系统，逐步建设基于物贸业务、集中采购、成本管理的数字供应链产品生态圈，逐步培育线上、线下深度融合、数据互联互通的服务生态圈，探索数字产业化的新业态、新模式，打造建筑业供应链平台。

该平台包含集采管控系统、采购交易系统、数据服务系统、网上商城系统、供应链金融等核心子系统，实现了计划管理、采购方案、采购交易、招标评标、合同管理、采购供应、结算支付、物流管理、成本管控等业务全流程线上化、电子化、数字化。其作为供应链信息集成连接器，连通上下游业务管理系统，实现系统集成、管理协同、数据互联，实现规范采购管控流程、优化采购交易方式、提升资源配置效率、降低采购供应成本等集采改革目标，逐步构建起阳光化、智能化采购的商务生态圈。

平台面向采购商、供应商、专家三大对象进行规划设计，包括采购寻源、平台供应商、供应商交易、平台专家管理等关键子系统。采购寻源子系统面向采购商，包含了物资、设备、工程、服务、劳务等全标的类型，与招标采购、竞争性谈判采购、询价采购、单一来源采购、竞价采购、框架协议全采购方式，及组织集中、区域集中、品类集中、项目集中、分散采购、全采购组织模式的业务覆盖，实现了从采购计划、采购立项、采购发布、供应商投标、组织方开标、专家评标、采购方定标、采购归档的线上一体化采购寻源过程管理。平台供应商子系统面向供应商，搭建统一管理的供应商库，实现平台供应商注册、资料审核、合规性检查、供应商增值服务、采购信息智能推送、供应商画像数据展示等服务。供应商交易子系统面向供应商，为供应商的采购投标提供线上功能支持，包含线上投标、开标大厅、竞价大厅等模块。平台专家管理子系统面向评标专家，实现平台专家在线注册、评审准入、专家推荐、资格管理、在线评标、评标工具等模块，辅助专家完成在线评标和各类评标文档的在线生成工作。

云筑网集采平台

### 2. 云筑网集采平台

采购和供应链作为建筑企业管理体系的重要组成部分，在企业经营成本中占据很大比例，只有保证工程项目建造所必需的物资、机械、劳务、专业服务等资源和能力的高效供应才能保障项目按期、按质完工，采购与供应链管理的水平很大程度上决定了建筑企业的利润水平。

云筑网将互联网、大数据、人工智能、云计算、区块链、边缘计算等技术与建筑业务深度融合，助力行业降本增效和管理提升。云筑网遵循“信息化、数字化、智能一体化”的总体思想，针对建筑行业采购管理缺位、交易不透明、成本高、效率低下等问题，逐步建立全供应链数字化服务能力。云筑网首先将寻源、招标动作全面线上化，打造高效供应链作业链条，提供从采购计划发起、招标到结算支付的全过程服务。同时，云筑网也积极导入优质产业资源，通过供应链数字科技服务深度挖掘行业数据价值，整合各大金融机构优质资源。

作为云筑网代表业务，集采平台深度适应建筑企业采购特点，围绕采购与供应商两条核心主线，通过云筑网寻源采购与其上游供应商确立供需关系，以保障产品或服务的保质保量、及时准确供应（图 4-6）。

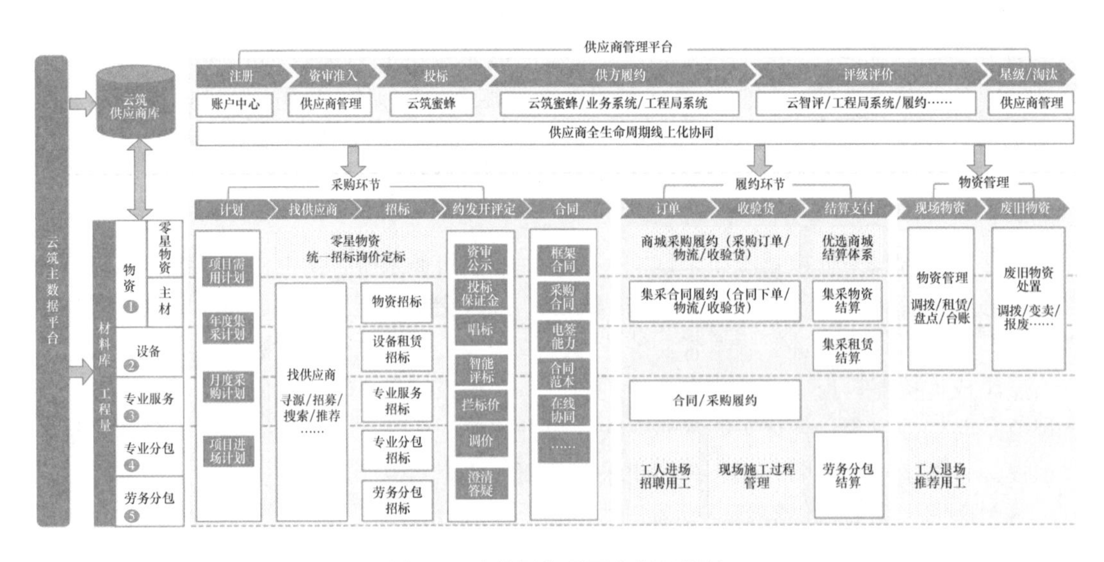

图 4-6　云筑网集采平台框架设计

基于云筑网集采平台，采购业务过程（图 4-7）可分解为如下环节：

（1）采购环节

集采中心制定采购计划，建立计划、寻源、合同管理规范。项目部根据工程进度提出物资、劳务、机械、专业、服务等需求计划，集团采购中心负责汇总各二级单位物资采购需求，制定采购计划，确定采购方案，并根据实际情况进行采购方案的优化。云筑网集采平台提供线上采购、寻源解决方案，支持线上编制采购计划和采购方案，通过招标、询价等多种寻源方式，确保寻源过程公开、公平、公正、透明，评选确定优质供应商。

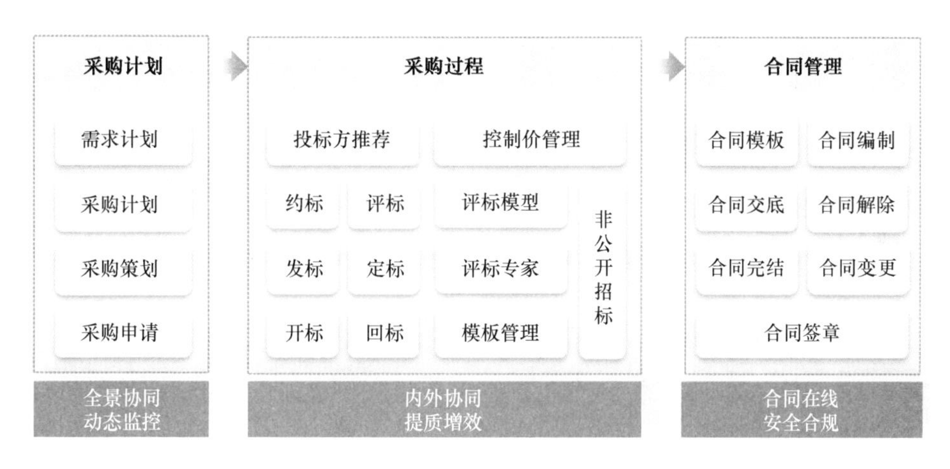


图 4-7　基于平台的采购过程

（2）履约环节

工程建设类项目往往施工周期长，且供方数量多、合同多、订单多，采购履约过程长，必须按照合同约定的价格、付款期限、验收标准、前置条件等严格管理履约过程，否则很难实现降本增效。云筑网集采平台履约管理体系，将基于合同采购下单、订单的线上化履约、履约后的结算管理，同时搭建物流撮合服务平台，提升配送时效，降低物流成本，提高效率，促进项目有序生产（图 4-8）。

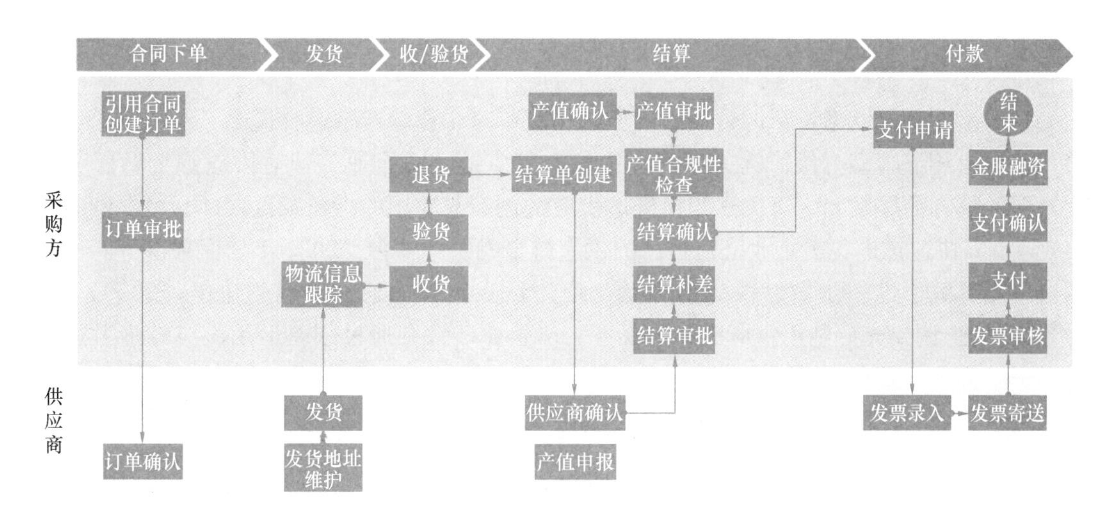


图 4-8　履约环节供应商-采购方流程交互逻辑

(3) 供应商管理

供应商管理应整体遵循动态、适用、优质原则，综合考虑竞争性、本地化、专业化以及性价比最优原则。采购中心根据以往的采购交易履约历史以及搜集获取的供应商信息，建立并完善动态的供应商信息库，包括但不限于供应商的企业信息、供货能力、生产能力、履约历史、投诉情况、授信额度、账期及其自身信用。通过建立供应商的选、用、育、留管理机制，实现对供应商的高效寻源，结合资格审核、考察、评估、准入机制，获取优质供应商资源（图 4-9）。

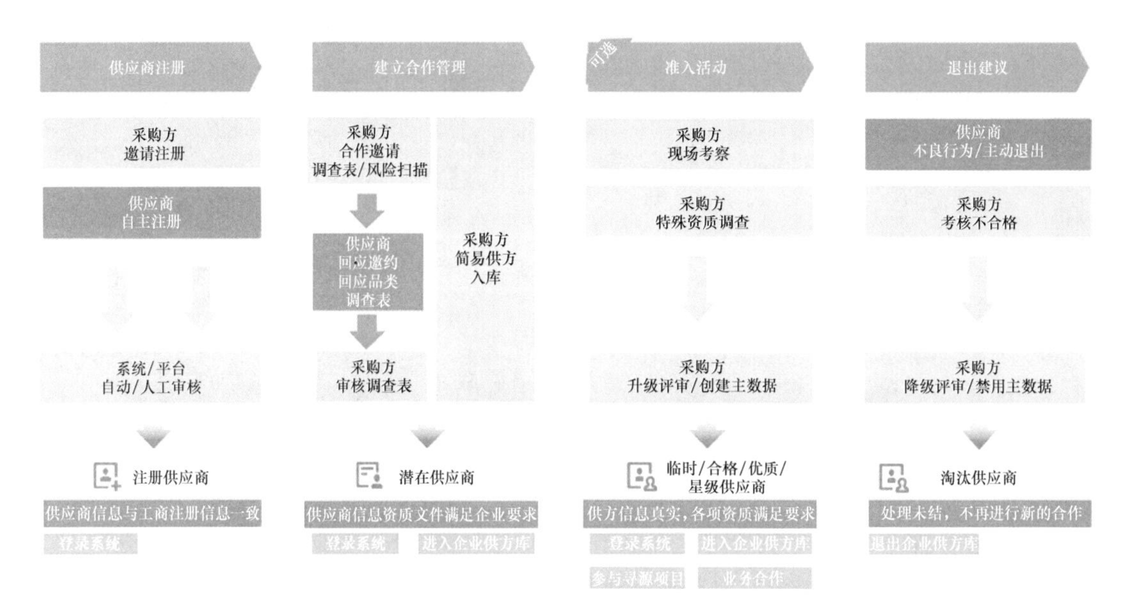


图 4-9　供应商管理业务流程与准则

## 4.3　建筑产业金融服务平台

### 4.3.1　建筑产业金融服务平台概述

自“十四五”以来，新的行业和产业结构改革对企业的产融结合提出了新的要求，建筑相关企业相继转型升级。为鼓励商业银行、供应链核心企业等建立供应链金融服务平台，国务院办公厅发布了《关于积极推进供应链创新与应用的指导意见》（国办发〔2017〕84 号），以快速推进各类企业搭建自己的供应链金融服务平台。2020 年，商务部等八部门联合下发《关于进一步做好供应链创新与应用试点工作的通知》（商建函〔2020〕111 号），着重强调要充分利用供应链金融服务实体企业，旨在通过创新运用供应链金融这一新的金融模式，打通产融结合通道。

建筑产业金融服务平台可以概述为专为建筑行业设计，旨在通过金融手段促进产业发展、优化资源配置、提升行业效率的综合服务平台。基于互联网的建筑供应链金融服务平台能够打破实体企业和金融机构之间信息不对称的壁垒。建筑产业金融服务平台利用互联网技术收集大量交易数据，基于大数据快速地帮助各参与主体进行大量且非标准化的交易数据整理和分析，提高信息利用效率，协助金融机构建立完善的企业信用评价体系并预测和把控企业的运营情况，帮助企业拓宽融资渠道、节省融资成本，增强融资服务实效。当企业申请融资时，平台为银行提供真实的融资凭证，借助数字信息技术，实现对供应链金融贷前、贷中、贷后的实时、全方位风险监控，从而降低违约风险，帮助提升金融服务的价值。供应链金融不同于以往的传统银行借贷，较好地解决了中小微企业因为经营不稳定、信用不足、资产欠缺等因素导致的融资难问题。

建筑产业金融服务平台的核心是引入供应链金融服务。建筑业的资金流动与其他行业有所不同，资金投入体量较大，供应商资金回笼周期较长，因此在项目生产与建设过程中常出现垫资情况，从而引发系列问题。此外，市场、环境、气候等不确定因素的影响还可能导致应收款项难以收回，大量资金周转困难，融资成本不断上升，甚至可能引发资金链断裂，最后导致项目甚至企业破产。中小建筑企业融资存在种种限制，而引入供应链金融则可以在一定程度上缓解此类现象。在供应链中存在着集组织、计划、协调、控制和指挥为一体的“核心企业”，它们在整条供应链中处于主导地位，对供应链活动进行组织和管理。核心企业负责组织供应链活动，对接上游的供应商以及下游的客户，从采购原材料到制成中间产品再到最终产品，直到最后将产品送至销售者手中，是搭建起一条供应链的中心企业，能支撑供应链金融的发展，提升供应链价值。供应链金融通过引入核心企业信息，实现对数据、资金、物流等资源的整合，把单个企业的不可控风险转变为供应链企业整体的可控风险。对核心企业（如施工企业）而言，在供应链金融模式中可以利用自身信用及与金融机构签订担保协议帮助中小企业获得融资，但对于它们来说，风险大且收益低，因此其在供应链金融模式中积极性并不大，这也是传统供应链金融在建筑行业中发展受限的原因之一。

依托建筑产业集采平台的供应链金融，集成数据的收集分析处理功能，建立完善的供应链中小企业的信用评价体系，从而弱化核心企业在供应链金融模式中的作用。依靠建筑产业集采平台，核心企业可将交易数据实时上传，平台可对数据实时分析，从而预测中小企业的运营情况，发现不对的苗头便可及时处理企业运营中遇到的金融问题。

供应链融资涉及从业主到建筑企业，再到供应商的整个业务链条。在细分类型上，建筑行业供应链融资包括应收款融资、库存融资、应付款融资等。从实践来看，供应链融资对建筑企业乃至整个行业的发展有着重大意义：

（1）降低企业经营成本。建筑企业通过结合平台服务的供应链融资，从提交申请到资金到账所需时间较传统融资模式大大缩短，支付时效性得到了加强，后续的采购成本也能随之降低。此外，供应链融资对建筑企业及上下游企业以责任捆绑制的形式划定责任，对授信额度分割也采取科学的标准，这样可以让建筑企业实现允许范围内的延迟支付和分期支付，在一定程度上降低企业财务成本。

（2）助推交易体系建立。供应链融资利用互联网等信息技术形成一体化的闭环运行系统，建筑企业在该系统中能更加规范化、标准化地记录从采购、订单管理、结算、融资及订单评价整个过程，让金融机构能够直观地对建筑企业及其上下游企业的资质、运营能力和经济能力进行准确判断。

（3）促成稳定合作关系。供应链融资模式的保障是建筑企业及上下游企业履行相关责任，伴随交易体系不断优化，该模式对规模和履约条件不达标的供应商可以实现有效监督和控制，从而使整个供应链合作更加紧密。结合平台服务的供应链模式能够促成规模较大、履约情况良好、服务意识强的供应商与建筑企业形成稳定的长期合作，使建筑企业的供应链竞争力得到显著提升。

### 4.3.2 建筑产业金融服务平台的功能

供应链金融价值在于帮助企业盘活流动资产。流动资产主要有现金及等价物、应收账款和存货三大类，因此根据资产种类的不同，将建筑产业金融服务大致分为三种形态，分别为预付款融资、库存融资与应收账款融资。这三类产品分别从不同角度带给企业相应价值。

预付类产品可以提高下游企业采购的能力，将单次采购金额扩大，把本该立即支出的现金资产转换为应付票据或短期借款；现货质押可以用企业的存货作为担保，换取流动性更强的现金资产；应收类产品可以帮助企业将应收账款转换成应付票据甚至现金。

1. 预付款融资

预付款融资可以理解成为“未来存货的融资”，在上游企业承诺回购的前提下，由第三方物流企业提供信用担保，中小企业以金融机构指定仓库的既定仓单向银行等资金提供方申请质押贷款以缓解预付货款压力，同时由金融机构控制其提货权的融资业务。

在该模式下，借款企业首先将原材料抵押给金融机构，核心企业签署合同承诺在借款企业违约时回购质押的原材料，当正常履行合同时，采购借款企业生产的产品，基于核心企业的高信用度，能有效确保第一还款来源。金融机构以核心企业的信用度为基础向链上企业提供贷款，可以节省贷款尽调成本。此外，融资企业能够基于供应链信用传递优势，分享核心企业的信用以便于获取金融机构贷款，帮助借款企业有效利用贷款进行再生产。最后，借款企业能够与核心企业维持稳定合作关系，签订长期协议，采用批量采购模式，增加企业的话语权，减少原材料的采购成本。

保兑仓和信用证模式是预付款融资的两种具体表现形式，其中“保兑仓”模式是指商业银行以其银行信用作为载体，以银行承兑汇票作为融资手段，货物控制权由银行拥有，仓储机构一方受银行委托保管货物的一种金融服务，承兑汇票保证金以外的金额部分由卖方以货物回购作为担保措施，由银行向上游供应商（卖方）及其下游经销商（买方）提供的以银行承兑汇票为结算方式的一种金融服务。核心企业可以利用保兑仓业务扩大销售，安排科学的生产计划，并更好地掌控销售风险，融资企业由于获得核心企业的支持能提前锁定货源，盘活企业资金。此外，“信用证”（Letter of Credit，L/C）是指银行根据买方的请求，开给卖方的一种保证承担支付货款责任的书面凭证，是一种取款凭证、担保性的法律文书，同时也是一种支付手段。在信用证内，银行授权卖方在符合信用证所规定的条件下，以该行或其指定的银行为付款人，开具不得超过规定金额的汇票，并按规定随附装运单据，按期在指定地点收取货物。信用证模式以银行信用为背书，安全性较高，但手续较为繁琐。

预付款融资能为供应链上企业提供诸多便利，以建筑业钢材供应的“保兑仓”模式融资为例。国内某钢铁供应商以生产线材以及各类特殊用途钢为主营业务，经营状况较好，属于银行争夺的优质大户，但由于该供应商的经销商体量小、注册资本低等因素影响，银行很难提供授信。银行考虑可以为这些经销商提供银行承兑汇票额度，供应商提供回购担保，为了保证供应商对货物的控制，可以由其将钢材发运到供应商设立的市场管理方，如果经销商不能在银行承兑汇票到期前交存足额保证金，供应商便可以调剂销售钢材，帮助该经销商填满银行承兑汇票敞口。在业务流程上，首先，双方签订采购合同，明确采用保兑仓方式进行交易。随后，供应商向银行提出授信申请，并协同经销商提供财务资料供银行审核，以便银行为供应商核定担保额度，同时为经销商核定银行承兑汇票的使用额度。在此基础上，供应商、经销商、市场管理方及银行四方共同签署“保兑仓”业务合作协议，确立合作框架。依据单笔交易合同，经销商通过签发以供应商为收款人的银行承兑汇票进行支付，银行则根据协议办理承兑手续。在授信额度内，银行为经销商核定一定额度的银行承兑汇票使用权限，专项用于钢材采购。经销商需按约定比交存保证金至银行，随后银行开具相应额度的银行承兑汇票给供应商。供应商收到银行承兑汇票后，将钢材运至指定的钢材市场，并由市场管理方负责监管。当经销商需要提取钢材时，需向银行交存相应金额的保证金，银行将此保证金转为定期存款，并向市场管理方出具发货通知书。市场管理方依据该通知书，向经销商释放等额的钢材。

通过“保兑仓”这一预付款融资模式，对于经销商而言可以降低自身的机会成本，减少销售风险，减轻企业的经营负担，提高采购能力；对于供应商而言能快速收回货款，盘活企业资金，扩大产品销路。供应链金融通过为中小企业成员提供融资服务，保证了钢铁企业供销渠道的稳定，优化合同的执行效率，提高了供应链网络整体的实力，最终实现各成员企业竞争力的大幅提升，促进供应链企业的协调发展。

2. 库存融资

库存融资解决生产销售稳定与流动性充裕两者间的平衡问题：库存融资是指客户以自有存货作为抵押品的授信业务，资金提供方将库存监管业务委托给第三方物流或仓储公司管理。借助库存融资工具，企业可以充分利用闲置在存货上的资金资源，实现扩大经营规模的目标。库存成本往往占到供应链运营成本的30%以上，主要包含锁定在库存商品中的资金占用成本（机会成本）与使用成本（融资成本），通过库存融资可以实现生产销售稳定与流动性充裕两者之间的平衡。

库存融资模式突破了传统融资模式的担保物界限，以借款企业的存货作为担保物，结合核心企业的高信用度，提高了借款企业的融资能力。物流企业也可以参与其中，提供物流和仓储等服务，扩展了用户群体，提升了企业的营业收入，并且通过第三方物流企业服务，金融机构能够动态掌握质押物的情况，降低与借款企业之间的信息不对称，缓解金融机构的贷款风险。

库存融资的主要形式包括抵质押授信、仓单质押授信、融通仓等，目前我国的库存融资模式主要以抵质押授信和仓单质押授信为主。

（1）抵质押授信可分为静态抵质押授信和动态抵质押授信。静态抵质押授信是指客户以自由或第三人合法拥有的动产为抵押的授信业务，金融机构委托第三方机构，如物流公司对客户提供的抵质押商品实行监管，抵质押物不允许以货易货，必须打款赎回，由于建筑业资金回笼时间较长，涉及原材料库存量大，利用该类方式使除存货以外没有其他合适的抵质押物的建筑企业获取以商品为抵质押的融资贷款，得以将原本积压在存货上的资金盘活，由此扩大经营规模。动态抵质押授信是延伸产品，银行对于客户抵质押的商品价值设定最低限额，允许在限额以上的商品出库，客户可以以货易货。此种情况适用于货品单

一、库存稳定且抵质押物的价值更容易核定的客户，同时对于一些货物进出较为频繁的客户，也能采用该类产品，由于可以以货易货，该类产品对生产经营活动的影响相对较小，符合建筑产业电商平台的打造要求。

(2) 仓单质押授信是指客户以自有或第三人合法拥有的标准仓单为质押的授信业务，主要适用于套期保值等金融活动。仓单质押授信适用于在期货交易市场进行采购或销售的客户以及进行套期保值、规避经营风险的客户。例如，对于提供公路建设钢材的企业来说，它们可能会持有标准仓单在期货市场进行风险对冲操作，以降低成本和提升利润，却也在某种程度上占用了企业的资金。在此情况下，银行能够为它们提供标准仓单质押业务，以满足其金融需求。

### 3. 应收账款融资

应收账款融资模式是指企业为取得运营资金，以卖方与买方签订真实贸易合同产生的应收账款为基础，为卖方提供的融资业务，主要为核心企业的上游进行融资。这种融资模式基于未来可预测、稳定、权属清晰的现金流，使得企业能够快速获得维持和扩大经营所必需的现金流，解决了回款以及融资问题。

应收账款融资模式有助于借款企业盘活应收账款，通过应收账款提前变现，帮助企业获得资金、扩大生产规模、改善财务状况。金融机构在此模式中对交易背景的真实性和应收账款的支付能力非常看重，以应收账款作为质押物，凭借承兑企业的履约信用，可以有效降低借款企业违约风险。该融资模式能够助力多方共赢，一方面可以有效地解决中小企业融资难、融资贵等问题，另一方面可以降低银行的借款风险，同时还能够降低核心企业的财务风险。

应收账款融资主要包括应收账款质押模式、保理模式等具体表现形式。其中的应收账款质押模式是指，企业将其合法拥有的应收账款债权作为标的物质押给商业银行，获取短期贷款或其他融资的方式，质押率一般为应收账款的 50%～90%。应收账款质押的基本流程如下：首先，买方与卖方签订销售合同并开具发票，确立明确的应收账款债权关系。随后，卖方向银行提交质押融资申请，附带详尽的交易资料，银行经严格审核后发放贷款。在融资期间，银行设立特定账户管理应收账款，确保资金安全。应收账款到期时，买方将款项汇入指定账户，卖方随即向银行还款。

保理模式融资（图 4-10）也是常用的应收账款融资模式，是一项以债权人转让其应

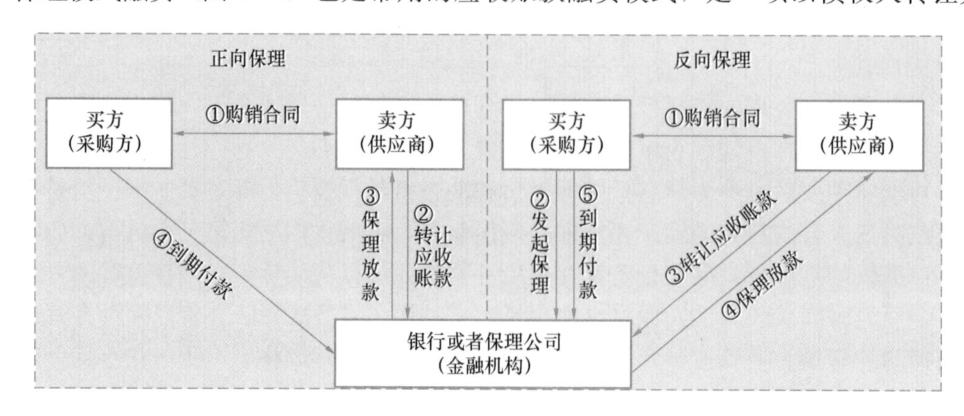


图 4-10 保理模式融资示意图

收账款为前提，集融资、应收账款催收、管理及坏账担保于一体的综合性金融服务。根据Factors Chain International（FCI）对保理的定义，保理协议是指供应商与保理商间存在的一种契约关系，根据该契约，供应商可能或将要把应收账款转让给保理商，其目的可能是为获取融资，或为获得保理商提供分户账管理、账款催收、坏账担保三类服务中至少一种。保理业务可根据发起主体分为正向保理（卖方保理）和反向保理（买方保理）两种业务类型，两类业务主体内容大致相同，区别只在于保理的发起方不同。正向保理由卖方（供应商）转让应收账款至银行或保理公司，再由银行放款给供应商，在应收账款到期时由采购方向银行或保理公司还款；反向保理则由买方（采购方）发起，此时卖方需要向银行转让应收账款，再由银行向卖方放款，同样最后到期时采购方向银行进行还款。

利用建筑产业金融服务平台提供的应收账款保理模式融资服务进行融资，代表性的有某集团旗下的“数科板块”。该板块现有的“保理易”金融产品提供了以建筑企业为核心的反向保理业务模式，利用该产品能使建筑产业供应链中的借款企业降低成本、扩大生产规模等，还可以强化核心企业在供应链中的控制地位。“保理易”产品具体的业务流程如下：

（1）核心企业将合作供应商推荐给银行，银行完成供应商的基础资料审核，批准供应商融资资质；

（2）采购人员在云筑网集采平台生成和供应商的采购合同，然后根据合同下订单，进行线上收货、验货、生成结算单，之后将应付账款信息及其他相关业务数据通过云筑金服平台向银行融资平台进行推送作为融资交易凭证，申请在线融资支付，由于该保理业务为采购方（买方）发起，即为反向保理业务；

（3）财务人员和供应商进行应收账款债权转让确认和融资金额确认，然后由供应商在线发起支用申请，银行审核通过后，向供应商账户放款；

（4）应收账款到期时，核心企业付款至供应商在银行的回款账户，偿还融资。

利用保理模式融资能有选择性地增强和巩固优质供方的合作关系，使供应商能够盘活其应收账款，来更好地帮助企业降低机会成本，促进更多的市场交易。

### 4.3.3 建筑产业金融服务平台的应用案例

“建筑产业金融服务平台”是一个由某集团打造的开放性金融科技平台，旨在积极响应国家供给侧结构性改革的政策号召，通过以创新领先的金融科技为抓手，以优化集团产融生态为目标，实现集团体系资产资金最优匹配。该平台建立以核心企业为运营主体的创新理念，一站式实现集团各子公司的供应商应收账款交易，形成多路径、阶梯式、竞价式的资金供给。

该平台目前有“融资宝”等供应链金融服务。“融资宝”依托核心企业与供应商之间产生的真实贸易订单，为供应商提供低息、便捷、高效融资渠道。“融资宝”业务涉及核心企业、供应商（融资企业）和借款企业三类参与主体，依托核心企业与供应商真实的贸易关系，为盘活双方企业资金，以及供应商获取核心企业的应收账款。首先核心企业筛选合格的标的资产传输到平台，供应商再向金融平台申请应收账款融资，随后平台向银行、商业保理公司、信托公司等资金方推送转让信息，经过资金方的审核向供应商放款，提前收回应收账款，核心企业在资金借款到期后直接向资金方还款。利用该方式，核心企业与供应商都获得了超前资金，很大程度缓解了企业的资金压力。此外，平台与“网商银行”等金融机构合作推出“中标贷”，以供应商在集团下属核心企业的中标信息为基础，为中标供应商提供高额度的贷款服务，解决供应商中标后的即时资金周转问题。

随着需求增加，该集团陆续增加多个业务模块，深化金融服务，通过线上“网清凭证”解决业务交易中常见的三角债难题；管理集团内部债权债务清欠围绕核心企业通过线上“电子凭证”打通多级供应商，为供应商提供拆分、流转、融资服务，提升融通效率；依托于该集团庞大的历史交易数据和全面的企业详细信息，为核心企业和供应商提供便捷的企业信用查询通道；以电子付款凭证为桥梁，把业主、核心企业及多级供应商连接起来，实现同时出表；基于云平台，将分散的应收账款进行归集和转让至专项计划发行证券化产品，有效降低产品发行成本，实现低成本融资。

## 4.4 建筑产业知识服务平台

### 4.4.1 建筑产业知识服务平台概述

建筑产业知识服务平台是面向建筑业中的具体问题和环境，以信息知识的搜寻、组织、分析、重组的能力为基础，从海量的资源中提炼知识，借助专业工具等方式，结合人工智能、机器学习等科技手段，为用户提供特定问题解决方案的应用型服务。与简单提供信息获取渠道不同，知识服务基于对信息资源进行整合，是用户目标驱动、面向知识内容和解决方案、贯穿用户解决问题过程的增值服务。

传统建筑产业链上的显性知识是指市场、法律法规、技术、产业政策、社会文化等环境知识，包括替代产品或技术、潜在竞争对手、供应商和客户等产业环境知识，还包括产业链节点企业内部的先进管理模式和方法、人力资源、品质控制手法、设备设施等内部环境知识。传统建筑产业与互联网相互融合，让产业之间、企业之间的壁垒与界限得以消融，让产业链上的显性知识更容易获取，更加开放、透明。隐性知识具有复杂、不易转移和分离的特性，互联网技术也为隐性知识转化为显性知识提供了更为开放的互动交流平台。面对科技创新与战略决策中日益凸显的知识服务需求，行业科技信息服务部门以及工程咨询公司等组织逐步开始深度挖掘、利用科技信息资源，建立知识服务平台，开展专业化知识服务的探索。

建筑产业知识服务平台是以特定目标驱动的、专业化的、动态的智力密集型服务，具有大数据驱动与技术创新驱动的特征。

#### 1. 数据驱动是核心

数据驱动是建筑产业知识服务平台的核心。“数据驱动型”全学科研究范式的确立提升了建筑行业、领域主体的数据资产意识和知识管理观念。数据的核心价值在于面对海量信息能够有效利用技术手段来提供智能化决策服务，利用大数据技术提供的数据挖掘分析服务，能很轻易地发现隐藏在数据之间的内在规律，这样隐含着的信息被挖掘出来，能让人们对某个问题的理解更加深入，并提升处置问题的能力。单一的数据不能提供有用的信息，其本身不产生价值，在建筑产业知识服务平台中，用户更注重数据信息所反映的知识、规律和科学经验等，而不是收集到的零散数据。利用挖掘分析工具，并借助信息技术的方法，能够协助快速实现信息数据资源的揭示，使得建筑产业知识服务平台发挥更好的效果。

围绕数据驱动的思路为平台的参与者提供了新的数据价值，在面向数据驱动的建设过程中，只有充分了解数据驱动的重要性，并结合实际的应用场景与需求开展合作，才能打通从数据资源获取到产品服务全链条，从而充分体现出知识服务平台的价值。

2. 技术支持是基础

技术的融合是建筑产业知识服务平台建设的重要支持手段，也是数据分析与辅助决策的重要支撑。平台系统通常会利用各自独特的专业工具、思路和方法去应对各种服务需求和具体任务，围绕特定的信息源而设计分析场景，利用物联网等技术来收集信息并提供服务产品。同时，随着新环境的快速演变和出现以及决策周期的加快，将新兴技术手段整合到信息分析过程中成为一种趋势，新兴技术的融合能够提高分析效果的及时性和准确性并显现快速决策的优势。

云计算、BIM、人工智能和机器学习等信息技术针对海量数据在信息收集过程中进行精准识别和分类、在信息分析过程中进行智能搜索、数据融合和数据可视化，增强分析结果的可信度、在信息传递过程中精准推送定制的数据资源等。这些场景在数据驱动的大环境下更需要突破传统思维方式，只有加强知识服务平台各个环节与新兴技术有机融合，才能促进技术手段对于不同的知识服务需求的理解和处置能力的提升。

### 4.4.2 建筑产业知识服务平台的功能

面向智能建造的新型知识服务平台是建筑行业与服务行业的交叉融合和互相渗透的产物，指在互联网科技、数字化技术的支持下，由知识服务与建造融合出的新的建造模式，是面向服务的建造和基于建造的服务的整合。随着新兴技术在建筑领域的广泛应用，更多的新型知识服务平台涌现而出，其中较具代表性的有数据服务平台、技术服务平台以及主动维护服务平台等。

1. 数据服务平台

利用建筑产业互联网平台网络化运营聚集的大量数据，数据服务平台能对收集到的数据内容提供一个完整的数据业务解决方案和全链路、一站式、智能化的数据构建与管理工具，大致包含数据接入、数据管理、数据开发、数据分析和数据输出等功能。平台运营方等数据公司通过对挖掘数据的分析和运用，为平台客户提供信息安全、行业商情、用户行为分等服务，同时能向政府部门提供行业发展现状统计和制定发展规划等服务。因此这是一种基于数据共享的价值创造与传递过程。

工程大数据服务是数据服务平台不可或缺的一部分，通过数据共享的价值创造与传递，企业对数据的挖掘、分析和运用，能够基于数据对工程各方面提供更多增值服务，因此涌现出了诸多的新锐企业。如英伟达（Nvidia）在 2017 年举行的 Inception 人工智能创业公司评选大赛上，从超过 2000 家创业公司中挑选出了五家最具颠覆性的人工智能创业公司，其中三家来自工程建造领域，分别是 Smartvid（No. 1）、CapeAnalytics（No. 3）以及 Konux（No. 4）。Smartvid 利用计算机视觉、深度学习技术和语音识别技术对工地采集的海量视频和照片数据进行处理，标记可能的安全风险，并整合到建筑工程管理系统，通过平板电脑终端向工人提供安全建议。CapeAnalytics 采用空间地理图像、计算机视觉和机器学习来提高准确评估房产保险费率的效率。Konux致力于开发铁路运营优化系统，帮助铁路公司管理这些海量的数字资产，评估铁路运营情况，并随时透视铁路运营大数据，从而大幅降低铁路运营的人力和管理成本。此外还有基于数据的工程咨询服务，通过采集分析外部环境数据、经验数据及该具体项目的相关数据，在数据分析的基础上，为工程项目提供包括前期研究到项目实施及运营在内的全生命周期的工程咨询服务，服务涵盖了规划和设计在内的组织、管理、经济和技术等各个工程建设管理的有关方面。

以某现场管理平台为例，该平台可以实现工地的可视化，基本涵盖建设生产全过程管理。通过对工程机械反馈回来的信息和代理店的销售、修理信息进行一元化管理和分析，平台可以随时向客户提供服务。不仅如此，该平台还实现了设备的“可视化”，通过它可以看到不同类型产品的开工率和销售情况，区域市场的冷热，这都为后续的决策提供了重要的依据。通过将所有的施工现场关联起来，汇集数据并加以解析，建设更加安全、高效的未来施工场地，为客户提供一种新的价值体验。

2. 技术服务平台

新型的建造服务对技术和工作量要求较高，在建设过程中所涉及的技术类型、管理类型较多，这样为专业的技术团队发展提供了广阔的市场空间。技术服务平台通过集合项目的不同参与方、项目信息和覆盖的技术内容，为建设项目提供全生命周期的业务支持服务。通过建筑产业互联网平台吸引建造服务技术相关各方的合作参与，可实现分散、互补技术的高效利用，形成以技术创新与应用为特征的商业模式。

工程软件是工程技术服务平台最直观的一种体现，以Autodesk、Graphisoft以及Bentley为代表的工程软件技术供应商，依托其传统市场优势，纷纷推出以BIM为核心的工程全生命周期解决方案，以云计算架构高效率地为市场主体提供多元、集成的工程软件服务，并通过用户使用初期低价准入后逐步提高价格，或“上传建模数据即可免费使用”等市场策略，积极抢占全球BIM软件市场。构建工程建造技术服务平台正在成为数字时代企业拓展服务领域的新趋势。以工程测量仪器为主业的某公司成立了专门的建筑部门，也开发了设计—施工—运营（DBO）服务平台，协同硬件、软件和服务产品的技术组合，致力于简化设计—建造—管理（DBO）周期中的各项作业活动，为业内专业人士提供有针对性的解决方案，使他们更好地完成自己的工作并提高精度、效率和盈利水平。

以某云端协同工作平台为例，该平台通过集成相关软硬件产品，建立了各产品之间的数据共享与连接，可为行业用户在线提供工程项目全生命周期的业务支持服务。该平台的盈利模式是通过改变传统的软件、硬件产品交易模式，以更低的平台费用及用户使用门槛，扩大了平台用户规模；通过项目全生命周期数据的积累，为后续数据资产服务奠定了基础。该平台集成的软硬件产品涵盖项目全生命周期：可在实景数字环境基础上完成并验证方案设计、施工图设计；利用无人机和测量放样机器人获取项目数字地形模型，利用全球项目数据库及分析软件支持项目选址；支持施工主体高效实现工程物流跟踪调度、现场施工及验收交付；依据工程设计数字化方案，辅助工程机械操作员完成精密作业和成果检测；支持运维主体依托数字化资产进行工程状态检测和主动维护服务。

3. 主动维护服务平台

主动维护区别于传统的故障维护，是主动的、事前的，它结合产品的历史状态与相关数据，预测产品的维护和服务需求，针对可能导致损害的原因进行修复，防止失效的发生，从而延长产品的生命周期。建筑产业互联网中的主动维护服务平台是针对用户使用建筑产品所派生的相关服务需求，提供智能维护服务，是建筑企业向建筑产品的下游产业链条方向的延伸。除了提供优质建筑产品外，还在房屋使用过程中主动为用户提供专业服务，既保障了建筑产品的使用寿命，也为用户带来了满意的体验，还使企业在提供服务的过程中同时获得利润和口碑。对于建筑业，针对普通住宅，企业可提供保洁维修服务和物业管理服务；针对大型基础设施项目，如综合管廊、地铁等，还可提供复杂工程的智能运维服务。在地铁运营的主动维护服务平台中，运营团队可对地铁众多的机电设备进行定期的维护保养和实时的维修管理，建立设备维养护提醒体系，通过对设备名称、设备编号、设备类型、所属区域、所属系统、保养周期、提前提醒时间、保养事项及备注事项等进行记录存档，及时提醒维护人员定期完成设备维养护，实现对设备的周期维养护管理。

以某家围绕高价值设备提供设备监管、运维、预测性维护等产品服务的企业为例，其业务横跨能源、制造、建筑、施工、轨道等领域，该企业的产品是一个提供运营洞察的SaaS主动维护服务平台，该平台利用传感器采集前端设备的各项数据，然后利用预测性分析技术以及机器学习技术提供设备预测性诊断、设施管理、能效优化建议等管理解决方案，帮助客户改善生产力、可靠性以及安全性。

### 4.4.3 建筑产业知识服务平台的应用案例

随着信息时代的到来，建筑相关企业逐渐向数字化转型升级，认识到信息知识的重要价值，逐渐围绕建筑业的需求发展的相应的知识服务平台，利用软件、硬件和算法相结合的方式搭设智能管理平台，利用BIM、物联网等技术手段服务建筑业的参与各方，实现建筑产业数据资源信息化的高效利用与价值挖掘。

例如，某建筑行业智能物联网平台，其产品聚焦于施工现场管理、施工企业管理、行业监管部门的智慧工地平台，将BIM、物联网、大数据、移动互联网等新兴信息技术与一线生产过程相结合，围绕人、机、料、法、环等生产要素对施工现场进行改造，实现互联网时代的智慧工地，提高生产效率、管理效率和决策能力，助力工地的数字化、精细化、智能化管理。

该平台现有多种产品服务，提供智能网关接入、物联网技术支持、全方位的云服务支持、大数据分析和开放能力等核心服务，其代表的产品如下：

（1）物资管控：通过结合物流网和移动互联网等技术，为建材等收货提供信息化管理模式，以实现工程物料验收环节全方位管控，实现物资管理的标准化、信息化、精益化。

（2）无感考勤：其所搭设的物联网监控平台基于机器视觉AI算法、人脸识别技术，为施工现场提供智慧化管理。通过与劳务实名制平台的结合，配合专业AI摄像机与边缘计算通用一体机，达成对建筑工人的考勤活动，主动配合识别率接近100%。

（3）企业级指挥中心：整合了智慧工地各大板块的数据资源，将企业的运行状态利用数百个可视化指标可视化，及时反映了经营生产的运行情况，为企业管理部门的经营决策提供强大的数据支撑，形成了智慧工地应用层、平台数据层、平台逻辑层、平台表现层四层结构。

该智能物联网平台连接硬件、运维、软件服务三种层次企业，为建筑工地提供智慧管理，能提供塔式起重机、水电、施工电梯、深基坑、智能吊篮等的传感器监控，能对项目计划提供进度管理、BIM模型管理和可视化监控平台等，还能提供建筑工人的用工管理，包括实名制平台、行为监测、考勤等管理内容。

## 4.5 建筑产业监管平台

### 4.5.1 建筑产业监管平台概述

建筑产业监管平台是集成现代信息技术和先进管理理念，旨在通过数字化手段对建筑产业的各个环节进行全面、实时、高效管理的监管平台。建筑产业监管平台面向建筑产业中存在的项目管理低效与违法违规等问题，依托互联网整合监管信息，利用大数据、物联网、云计算和人工智能等技术帮助政府以及建筑业参与主体获取建筑市场与工程项目的监管信息并进行分析管控，协助管理部门规范建筑业监管体系，帮助项目参与主体监测工程数据，提升监管的效率及水平。

建筑产业监管平台是我国新时期的建筑业治理手段之一。建筑业一直是我国重要的产业之一，但同样存在着建筑市场监管任务重、强度大、面临情况复杂，信息化建设和业务管理理念落后，管理手段原始，科技含量普遍较低等突出问题。为建立统一开放的市场体系，住房和城乡建设部于2014年7月在《关于推进建筑业发展和改革的若干意见》（建市〔2014〕92号）中提出了“推进建筑市场监管信息化与诚信体系建设、各省级住房城乡建设主管部门要建立建筑市场和工程质量安全监管一体化工作平台”的要求，指出通过动态记录工程项目各方主体市场和现场行为，能有效实现建筑市场和现场的两场联动。2017年2月，国务院办公厅印发的《国务院办公厅关于促进建筑业持续健康发展的意见》（国办发〔2017〕19号）指出建筑业要完善监管体制与市场信用体系建设。同年6月，《住房城乡建设部办公厅关于扎实推进建筑市场监管一体化工作平台建设的通知》（建办市函〔2017〕435号）以推进互联网平台在建筑业监管中应用。建筑业监管平台需要政府的带头推进，更需要建筑业企业的参与建设，建立两类级别的监管平台更能完善我国建筑业的监管体系，发挥协同的监管作用。

建筑产业监管平台旨在提升建筑业工程项目管理的效率和水平，政府与企业参与建设，现已逐渐形成了以政府监管平台为基础，各建设项目监管平台为延伸的监管格局。政府监管平台在国家和行业层面为建筑业监管提供了参照依据，通过收集建筑业参与主体的法律信息，并对各个主体进行资质审查等，对在建项目管理的质量、安全提出了要求；企业项目监管平台一方面响应政府对建筑业管理要素的监管要求，另一方面加强项目现场的监管效率，对在建项目的质量、安全引入了新兴技术加持的控制手段，保障建设的顺利进行，并能在达成质量和安全监管的基础上优化进度和成本，提升企业效益。政府监管提出了建设监管的目标，促进了建筑业信息化监管的应用，企业项目监管平台是政府推行建筑业监管的重要环节，能切实做到落实建设项目的质量和安全保障，同时还能提升进度、成本管理的效率，优化工程项目要素管理。

政府监管平台基于国家推进信息化监管手段的总体要求，以提高工程行业政府监管部门的项目监督工作信息化水平、为政务工作探索创新监管手段、规范监督管理行为、即时掌握监督项目信息为目的，扎根于监管的底层结构，建设信息资源共享与集成管理平台，提升政府监督管理水平，提高监督工作效率，并为各级行业监督部门提供指导。

企业项目监管平台是监管的延续。项目监管平台是信息化监管体系的重要组成部分，随着建筑企业不断融入新技术助力工程项目的信息监管，各类智慧工地管理服务平台陆续应用实施。针对项目内部管理，建筑企业基于综合性协作的监管平台收集各类监控数据，帮助管理团队下达和跟踪指令，并作出信息统计与分析，辅助决策，从而提高工程监督力度，增加建设效率，减少工作失误，保障施工安全，为工程施工过程中各部门之间的协同工作提供技术支持。

### 4.5.2 建筑产业监管平台的功能

建筑产业政府监管平台利用互联网收集企业、项目、人员和诚信情况等相关信息，在为建筑市场的决策者提供决策信息的同时，建立规范的建筑市场管理体系，并通过监管信息化提高建筑产业的监管效率和监管水平。项目监管平台利用物联网联系建设项目中的人、机、料、法、环，形成信息协同的项目管理平台，为项目管理者提供管理信息，建立工程质量、安全的保障体系，构建项目进度、成本的控制手段。两类监管平台面向不同的监管范围，分别具有各自的功能与优势。

1. 政府和行业组织监管平台

政府和行业组织通过建立面向建筑业的监管平台，利用信息化的手段完善我国的建筑监管体系，同时建立的开放平台能及时向社会公众传递监管信息，有利于形成良好的社会监督。国家建设的建筑产业监管平台主要面向建筑市场的主要参与者，各省市参与建设，为建筑市场提供工程信息数据并实施信息化监管，保障建筑市场的良好运行，其主要功能有：

（1）通过运用现代化的网络手段，采集各地诚信信息数据，发布建筑市场各方主体诚信行为记录，重点对失信行为进行曝光，以方便社会各界查询；

（2）整合表彰奖励、资质资格等方面的信息资源，为信用良好的企业和人员提供展示平台；

（3）普及和传播信用常识，及时发布行业最新的信用资讯、政策法规和工作动态，为工程建设行业提供信用信息交流平台；

（4）推动完善行政监管和社会监督相结合的诚信激励和失信惩戒机制，营造全国建筑市场诚实守信的良好环境。

依托上述功能，以政府主导的监管平台主要有以下几点优势：

（1）有利于解决建筑市场信息不对称的问题

通过信用信息平台将信用信息记录下来，并向全社会公开，有关企业和个人在市场交易过程中都可查询彼此的信用状况，共享信息资源，将大幅度地减少信息不对称状况，有效遏止失信行为的发生。

（2）有利于提高建筑市场的监管效率

通过信息化的技术手段整合甚至再造目前的管理流程。借助于信用信息平台强大的动态数据库系统，突破封闭式的部门监管与地方割据，将彼此脱节的管理资源充分整合，实现建筑市场与工程现场的管理联动，实现全方位、全过程的管理。

（3）有利于促进长效信用机制的完善

通过对不良行为信息的公布披露，使各方主体失信行为曝光于市场之中。市场自然会选择信用记录良好者作为交易对象，而失信的企业或个人在建筑市场中将无容身之地，最终被清出市场，这是对失信者最有效、最严厉的惩罚。

2. 工程项目监管平台

项目参与主体通过建立针对建设项目的监管平台，促进项目内部组织管理数据互通，并基于一些技术辅助决策与预警，规范管理，提高监管效率与项目实施的质量和安全可靠性。工程项目监管平台以物联网、人工智能等技术为依托，针对施工现场的安全监管问题提供技术支持服务，利用物联网获取的感知信息结合智能算法分析，为施工现场人员、设备、环境等感知分析提供便利，保障施工现场的安全生产等。施工现场的项目监管平台主要有以下几点优势：

（1）提高监管效率和监管水平

以新兴技术加持的工程监管平台能对项目的工程信息、数据进行统一管理，规范信息内容，并通过大数据技术对获取的信息资源进行分析，进而提高项目整体的监管效率和水平。

（2）有助于安全标准化管理

利用统计的安全管理信息数据，建立项目安全管理数据库，为项目的人员、设备等安全施工提供支持，使工地的管理规范化、标准化。

（3）提升项目进度和成本控制效率

物联网的构建汇集了现场建设的实时信息，管理者能够时刻关注到施工的项目进度，在进度提前或延期的情况下能及时作出调整，达成优化的进度控制手段，同时利用统计的成本信息，实现成本控制的信息化处理，提升管控效率。

（4）有利于宏观决策把控

通过收集项目的监管信息，管理者能对施工现场大局上进行有效把控，为项目进度、周期等安排提供决策支持，维护工地安全平稳。

### 4.5.3 建筑产业监管平台的应用案例

建筑产业互联网推动了建筑业监管的信息化发展，现有的监管平台应用案例中主要以政府监管平台和工地的监管管理平台为代表，涵盖了两个主要的监管方向。一方面，政府监管平台以国家推动建设的“四库一平台”为基础，建立四类工程信息数据库和一体化监管平台，为建筑业市场参与者提供监管信息与监督服务；另一方面，面向工地的监管管理平台以智慧工地平台为代表，结合物联网、人工智能等技术为工程项目提供人员、机械、材料等信息的集成管理，实时监测反馈数据，帮助项目更好地实施安全质量管控。

1. 四库一平台

“四库一平台”又名住房和城乡建设部全国建筑市场监管公共服务平台，其中“四库”指的是企业数据库基本信息库、注册人员数据库基本信息库、工程项目数据库基本信息库、诚信信息数据库基本信息库，“一平台”就是一体化工作平台。住房和城乡建设部印发《全国建筑市场监管与诚信信息系统基础数据库数据标准（试行）》和《全国建筑市场监管与诚信信息系统基础数据库管理办法（试行）》，由此正式启动“四库一平台”的建设。其中企业库囊括了与建筑工程相关的设计、施工、监理等所有注册公司，基本涵盖了建筑市场所有的企业集团信息；注册人员库记录建筑市场内已取得注册资格证书的全部人员信息；工程项目库包括了 32 个省、自治区、直辖市内所有在建、新建等的项目信息；诚信信息库负责记录各个公司收到的处罚、通报、奖励等内容。

“四库一平台”是在建筑市场快速发展与管理机制不健全的作用下逐步建立起来的一个开放性信息平台，逐步完善我国建筑市场监管，促进我国建筑行业健康发展。通过“四库一平台”及时向社会公布行政审批、工程建设过程监管、执法处罚等信息，公开曝光各类市场主体和人员的不良行为信息，能形成有效的社会监督机制。同时各地可结合本地实际，制定完善相关法规制度，探索开展工程建设企业和从业人员的建筑市场和质量安全行为评价办法，逐步建立“守信激励、失信惩戒”的建筑市场信用环境。四库互联互通，以身份证可以查人员，以单位名可以查人员，以人员可以查单位，作用是解决数据多头采集、重复录入、真实性核实、项目数据缺失、诚信信息难以采集、市场监管与行政审批脱离、“市场与现场”两场无法联动等问题，保证数据的全面性、真实性、关联性和动态性，全面实现全国建筑市场“数据一个库、监管一张网、管理一条线”的信息化监管目标。

2. 地铁项目监管平台

地铁项目监管平台作为智慧工地的应用体现，承担了地铁建设的安全管理任务，协助地铁高效地施工与运维。由于我国现阶段地铁开发任务多，进度管控压力大，周边施工环境复杂，且存在工程地质、水文环境和不确定性等因素，可能发生较为严重的安全事故，利用建立在地铁项目基础上的工程监管平台能有效地提升项目管理过程中风险识别、决策及控制的能力。安全监管平台已广泛地应用于武汉市、深圳市以及香港地区等多个地铁项目中。地铁项目监管平台一般由感知层、传输层、分析层以及控制层组成，如图 4-11 所示。

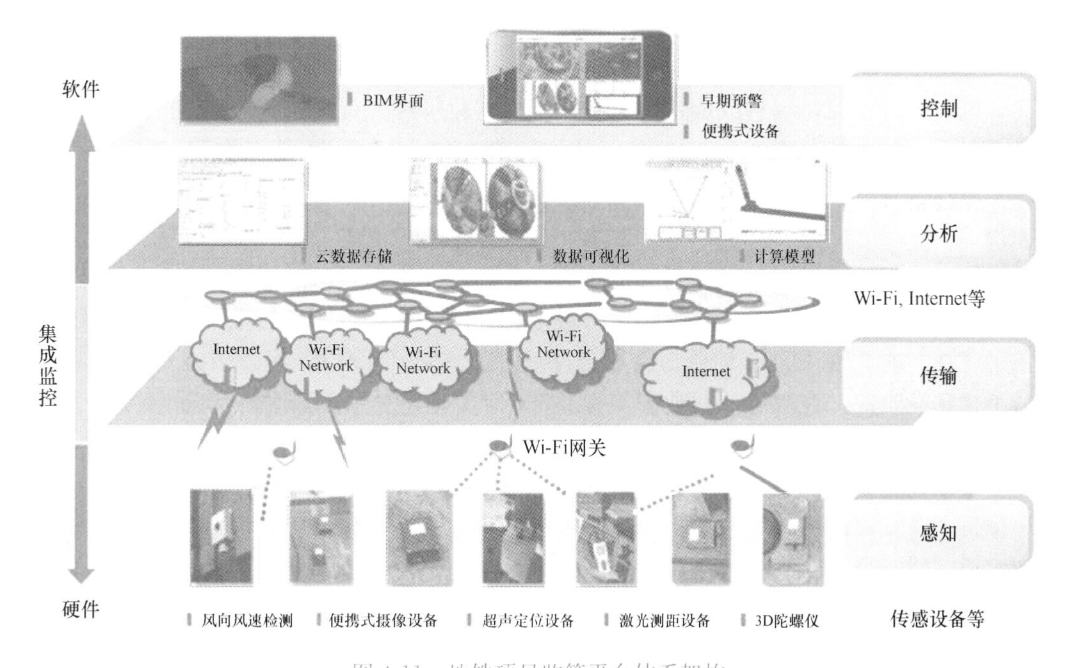


图 4-11 地铁项目监管平台体系架构

图片来源：丁烈云. 数字建造导论［M］. 北京：中国建筑工业出版社，2019

在地铁项目监管平台的体系过程中，感知层主要用于采集地铁施工过程中的各类要素信息；传输层通过现场有线以及无线网络实现不同类型传感器的异构数据的集成采集与传输；分析层建立在地铁安全风险能量耦合机理的基础上，设置了不同类型的安全预警模型，用于对施工现场要素安全的分析；控制层接收分析层所输出的各类信息，当出现不同的危险信息时，系统会分别通知不同的管理人员进行风险控制。地铁项目监管平台结合地铁施工安全管理的需求，主要功能包括：数据自动采集、信息集成管理、安全可视化监控、安全自动化预警。

（1）数据自动采集：应用感知控制技术实时获取人、机、环的对象属性信息、三维空间位置信息、健康状态信息等，减少人工采集过程，确保收集的数据信息的准确性和及时性。

（2）信息集成管理：通过 BIM 技术建立信息集成模型，同步映射传感设备实时获取的异构数据，为安全管理系统提供分析依据，并支持多用户操作，以及信息交换。

（3）安全可视化监控：可视化监控通常采用虚拟仿真模拟和实景视频同步监控的方式，对地铁施工作业工艺、工法进行管理，并引导人员进行规范的作业操作。

（4）安全自动化预警：建立监管平台，并制定风险预警规则，能够实现对不同安全事件的快速响应。在监管过程中，一旦前端传感器所接触到的风险信号超过阈值标准，直接触发预警规则并立即启动安全预警方案，平台将安全警报传达到相应的工人和管理人员，主动控制安全事故的发生。

地铁项目监管平台设计了便携式智能感控一体化设备，方便对项目安全风险的实时监测；同时设计了分布式无线多跳路由与同步嵌入控制技术，通过无线自组网设计，使得数据处理、存储和智能处理功能一体化，避免了数据传输和运算造成的资源竞争和网络拥塞；利用建立的基于地铁施工安全风险耦合机理的融合预警模型，能从多个维度对地铁施工风险进行预警。基于地铁项目的监管平台在各式新兴技术的加持下，对建设项目周期内的安全风险进行管控，以达成地铁施工的安全标准化管理，提升监管效率。

## 本章小结

建筑产业互联网借助技术要素支持，汇集业务参与组织，共享资源，将建筑业的各个主体聚集成为利益共同体，实现建筑业的数字化、网络化、智能化转型。建筑产业互联网平台是建筑产业互联网重要的载体，服务于建筑业的各个阶段，集成多方参与主体的信息，整合建设资源，在政府及行业参与者的推动下，建筑产业互联网平台逐渐覆盖了建筑设计、施工到运维的全过程和阶段服务，帮助个人、项目、企业、行业组织以及政府机构等建立联系，更好地满足各方需求。

建筑产业互联网平台是建筑产业互联的基础设施，连接建筑产业内各参与主体，形成生态系统，协助各方将自身人力、资金、技术、能力等资源输出到产业内推动建筑业数字化转型，促使各参与主体利用建筑产业互联网平台，优化业务，实现产业增值，为用户提供满意的服务。

本章从建筑产业互联网的人力、物资、资金和知识这四个维度资源的整合以及监管的角度出发，分别选取了建筑产业工人服务平台、建筑产业集采服务平台、建筑产业金融服务平台、建筑产业知识服务平台以及建筑产业监管平台这五类具有代表性的平台来阐述建筑产业互联网平台的建设，并结合案例展示了其应用现状，分析了它们的发展模式、服务内容、具体功能等要素。借助这几类典型建筑产业互联网平台应用实践的探索分析，发现了其改善建筑产业相关业务与服务的效果与潜力，体现了建筑产业互联网平台模式的巨大优势，为平台建设、助力建筑业高质量发展提供参考与思考。

## 思考题

1. 建筑产业工人服务平台的参与者有哪些？请列举至少 5 个。
2. 建筑产业集采服务平台具有哪几类特征？
3. 建筑产业金融服务依据资产种类可以分为哪几类？并简述其作用。
4. 建筑产业知识服务平台具有什么特征？
5. “四库一平台”中“四库”与“一平台”分别指什么？

# 5 建筑产业互联网商业模式

【知识图谱】

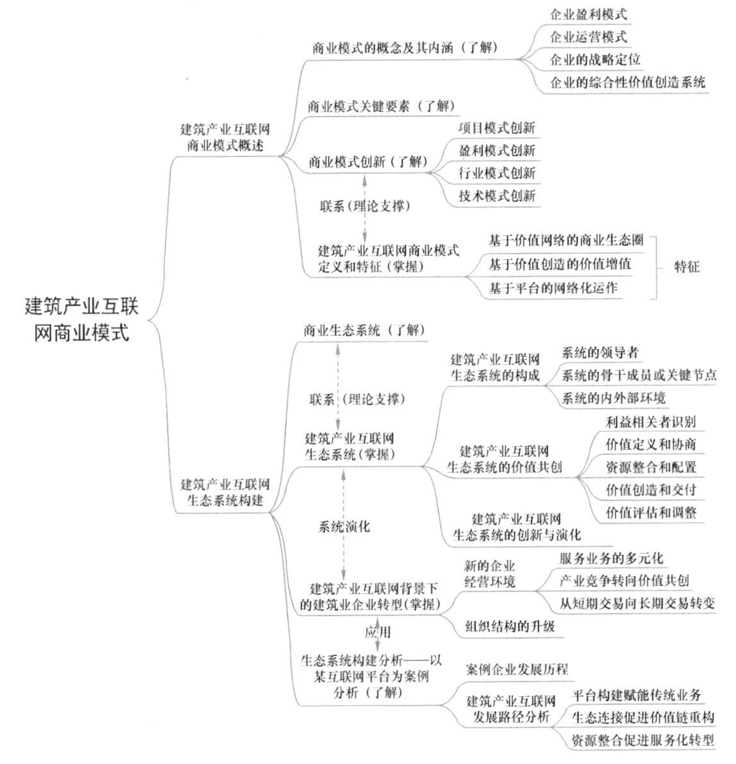


【本章要点】

知识点 1. 建筑产业互联网商业模式定义。

知识点 2. 建筑产业互联网商业模式特征。

知识点 3. 建筑产业互联网生态系统的价值共创。

知识点 4. 建筑产业互联网生态系统的创新与演化。

【学习目标】

（1）了解商业模式相关概念及关键要素。

（2）了解建筑产业互联网商业模式特征。

（3）理解建筑产业互联网生态系统相关内涵与发展。

在建筑业数字化转型发展战略背景下，产业互联网与智能建造使建筑业的商业生态发生革命性变革，传统建筑业企业如何重塑商业模式成为亟待解决的问题。本章从产业互联网视角对商业模式创新内涵及类型进行理解，并从构成、价值共创以及创新演化方面剖析建筑产业互联网生态，最后结合案例介绍建筑业企业转型与生态构建。旨在回答“中国建筑业企业基于产业互联网视角，商业模式创新的基本内涵和方式有哪些?”“建筑业企业如何通过组织和创新推动建筑产业互联网生态构建?”两大问题。

## 5.1 建筑产业互联网商业模式概述

在创新驱动发展的国家战略思路下，企业通过创新实现生存和发展已经成为激烈竞争环境下的必然选择。特别是在“中国建造 2035”和智能建造的背景下，建筑业实体经济与新一代信息技术深度融合产生了建筑产业互联网。党的十九大报告提出“通过数字化转型驱动管理提升，利用新技术和商业模式进行创新，使数字化转型从局部规划和设计向全局规划和顶层设计转变”的战略布局。中国建筑企业通过创新推进了技术和管理上的改革之后，模式创新已经成为在“工业 4.0”和“中国建造 2035”的技术和政策背景下，实现发展转型和经营升级的重要突破点。

### 5.1.1 商业模式的概念及其内涵

商业模式（Business Model）又称商业模型，该词出现在 20 世纪早期的研究中。尽管商业模式一词出现较早，但直到 20 世纪 90 年代才开始作为一个独立的领域引起相关学者的广泛关注。如今，商业模式的价值在实践界和学术界已取得广泛的共识，但对于商业模式的内涵本质还尚未达成一致意见。许多研究学者和业界人士根据各自研究目的从不同的视角对商业模式的理论研究进行了深入探索，并提出了不同的商业模式概念。这些概念对商业模式的诠释各有侧重，涉及组织、运营、技术、战略、价值、创新、资源管理等多个重点方向。商业模式在上述方向的理论发展与界定阐述分别形成了各具特色的商业模式研究。需要说明的是，这些概念从不同的视角与背景进行讨论和研究，更好地阐述了商业模式的内涵，整体上推进了商业模式研究发展的深化泛化。

国内外对商业模式的研究大致可以分为三个阶段：

#### 1. 萌芽孕育阶段

早期，出现“Business Model”的研究文献尝试将“Business”和“Model”词汇简单组合来说明问题，但是并非严格术语，无固定含义。1960 年 Jones 首次尝试将其作为论文的正式标题，在论文中，“Business Model”的含义近似“商业企业的经营模式”，与今天我们提及的“商业模式”意思较为接近。此后，商业模式作为一个专门的术语出现。商业模式在国外经济管理的一些商业期刊中开始偶尔出现，并在计算机系统的相关著作中开始广泛使用。至于什么是商业模式，相关期刊与著作并没有给出明确解释，此时商业模式还留有一层数学模型的含义。到 20 世纪 90 年代，实践界开始认识到商业模式引领企业转型升级的重要作用，但仍未形成统一认识，也没有得到相关领域学者的广泛关注。

#### 2. 概念构建阶段

20 世纪 90 年代后期，电子商务涌现、互联网兴起，经济学和管理学的研究者开始分析总结新型企业的经营和盈利方式，并将其描述为商业模式。新型企业出现后取得的成就很快吸引了众多学者的关注，商业模式也得益于互联网和电子商务的兴起，开始成为独立的研究对象。1998 年，Paul Timmers 对电子商务商业模式做研究时给出了商业模式的定义，即商业模式是产品、服务和信息流的组合，它描述了不同参与者和对应的角色，以及这些参与者的潜在利益和最后受益的来源。这标志着商业模式成为一个独立的研究领域。此后，商业模式的研究得到了经济学、管理学等学科领域的广泛关注。进入 21 世纪以来，学者们开始意识到商业模式的概念不仅仅局限在电子商务等新兴领域，所有企业都有其商业模式。在此阶段，相关研究的重点是对于商业模式的概念构建与内涵界定，不同领域的学者根据自己研究的背景和视角分别给出了“商业模式”的定义（表 5-1）。对商业模式构成的不同观点使得概念不同，从多个领域和角度思考研究使得商业模式的概念内涵得到丰富。

商业模式定义综述　　表 5-1

| 研究学者 | 年份 | 定义内容 | 研究方向 |
|---|---|---|---|
| Mintzberg | 1994 | 企业战略思想，包括规划组织技术发展、企业内部如何运作以及管理者如何处理战略规划的功效 | 战略思想 |
| Timmers | 1998 | 包含三个层面：(1) 产品、服务信息流的体系结构；(2) 描述商业活动中参与人的潜在利益；(3) 营收来源的描述 | 经营体系；盈利模式 |
| Stewart 等 | 1999 | 指对能使企业获取并保持收益流的逻辑总结 | 企业收益 |
| Boulton 等 | 2000 | 是企业资产的特定组合，包含有形资产和无形资产 | 企业资产 |
| Afuah 等 | 2001 | 是企业为赚取利润比竞争对手创造更多价值的方式 | 价值创造；利润 |
| Chesbrough 等 | 2002 | 是行为个体的价值交换活动，对价值网络中企业定位的描述，价值创造环节比价值获取环节的作用更大 | 价值链；价值网络定位；价值创造 |
| Osterwalder 等 | 2002 | 使企业获得持续收入的顾客价值、企业架构，以及企业与共同创造、营销、传递价值的合作伙伴的关系网络、关系资本；强调企业持续的竞争优势 | 价值网络 |
| Amit、Zott | 2001，2007 | 是对公司、供应商、候补者和客户之间交易运作方式的描述，强调产品、资源、交易机制和参与者结构 | 价值 |
| Casadesus、Masanell 等 | 2008 | 是对与价值创造、价值获取有关的企业运作方式以及涉及的政策、资产的选择以及选择造成的结果 | 企业运营方式；价值创造方式 |
| Teece | 2010 | 是描述支撑客户价值主张的逻辑及企业实现该价值的可行收益和成本的一种结构，强调针对目标市场设计价值获取机制 | 价值；价值获取 |
| Sorescu 等 | 2011 | 是由企业结构、企业活动和流程组合而成的一种系统，是为客户创造价值以及为伙伴和零售商们获取市场价值的内在逻辑 | 企业内部组织；价值 |
| Suarez 等 | 2013 | 企业价值网络和创造、传递、获取价值的逻辑框架 | 价值 |

### 3. 关系扩散阶段

随着信息技术的发展，商业模式通过互联网技术与思维对其他领域的影响，呈现出从局部到整体，从关键技术到产业生态的趋势。商业模式研究已经变得更加复杂、抽象，研究者对商业模式的理解也突破了单一的经营、战略框架，而是综合发展到整合的价值类模型的高度。这一阶段是关系扩散阶段。在该阶段，研究者在分析商业模式的组成与架构时，逐渐聚焦在商业模式构成要素间的地位和关系，形成了商业模式的模型构成体系。从实践中发展形成的商业模式理论体系研究逐渐反哺商业实践活动。与此同时，商业模式研究的广度和深度进一步扩大。商业模式的理论研究扩散影响到各个领域，研究者与实践者以此为工具认识、理解与指导各个领域的发展，大量商业模式的相关研究成果在商业和学术期刊进行发表。研究者开始关注商业模式理论本身以外的价值，并开始利用商业模式的理论应用在更广泛的领域。除经济学和管理学的分析工具外，研究者还运用了系统论、进化论等其他学科的分析工具，试图分析总结企业通过商业模式创新实现持续盈利的方式。例如商业生态系统、商业生态圈等研究受到重视，商业模式也更加容易与新技术融合。

综合以上三个阶段以及现有研究，商业模式研究由于理论基础和分析视角不同可以大致归纳为以下四类：

1. 企业盈利模式

这类归纳方式认为企业的核心目的是盈利，将商业模式直接描述为企业的盈利模式。此类理解认为商业模式本质上是企业盈利的深层逻辑。Stewart 等认为，商业模式是企业能够获得并保持其在每一段时间内有收益的逻辑总结。Afuah 等认为商业模式是企业通过竞争追求收集和利用资源创造价值的效率从而获取利润的方法。此外，其他学者也形成了相似的理解，认为健全的商业模式应该包含价格测量、营收公式、成本组成、最佳产出等构成要素。

2. 企业运营模式

这类归纳方式认为商业模式是企业在价值创造和传递过程中的企业内部组织架构和业务设计以及企业管理维护其他商业活动相关者关系方式的整合。重视运营模式的商业模式思想强调企业融入商业生态系统的价值活动方式，将企业的价值创造与传递的活动过程放在社会环境形成的价值网络中来审视，并强调企业在商业生态系统中的位置。例如，Amit认为，商业模式描述的是公司、供应商、候补者和客户所构成的网络运作业务的方式，强调以业务构成要素为核心的结构设置与交易机制，其目的是充分利用商业机遇使得顺利开展业务。Magretta 认为商业模式是描述企业运转机理的归纳总结。总的来说，一些研究者认为商业模式侧重于运营模式类，并提出该类商业模式的构成要素包含组织结构、业务流程、价值流、企业治理、价值资源等。

3. 企业的战略定位

这类归纳方式重视思考企业的战略定位。Potter 认为，企业定位是企业战略的核心。企业的定位分为三种，分别是基于种类的定位、基于需求的定位、基于接触途径的定位。企业的关键是找到属于自己的独特且具有显著优势的定位，并以此为基础设计出一套与企业定位相匹配的运营活动。企业的独特定位实际上是企业的价值主张，即企业为特定客户提供什么样的价值以及需要提供什么样的产品和服务。Rappa 认为，价值主张应当作为商业模式的一个重要组成要素。Chesbrough 等也指出，为了解决技术商业化的问题，商业模式应该向目标顾客阐明其价值主张。基于战略定位的观点认为，通过创造一种全新的差异化定位，具有选择目标客户群体的优势，能够摆脱传统领域过度竞争的困境。

4. 企业的综合性价值创造系统

这类归纳方式认为商业模式是多角度整合和协同形成的体系或集合，是一个由多因素构成的系统。Bossidy 等认为，商业模式是一种用来全面细致分析企业各组成部分及其关系的系统性的手段或工具。Zott 等认为，商业模式应能够从系统整体的途径阐明企业开展业务的方式。因此，基于系统论思想形成的商业模式内涵并不局限于盈利、运营、战略等方面，而是将商业模式理解为这些方面核心内容的有机组合。

从实践上看，商业模式是影响企业生存发展、实现企业价值创造的关键因素。从概念上看，商业模式是解释企业商业逻辑的工具。在新时代万物互联的环境下，建筑企业所处的商业环境在不断动态变化，建筑产业企业的商业模式同样也在不断与时俱进。因此，企业难以用一种成型且固定的商业模式保证长期成功。企业需要时刻留意外部环境变化，关注自身业务应用条件，并不断加以迭代、创新、调整、改进甚至构建新的商业模式。

### 5.1.2 商业模式关键要素

在商业模式的理论研究中，表达商业模式的整体结构形态的表现方式是一个重要的方向。众多研究者通过识别分析、归纳总结商业模式的组成结构的关键内容发展形成了商业模式要素的理论研究。因此，商业模式各要素相互联系，共同作用形成了有机整体。

商业模式关键要素研究中最具有代表性的是由 Osterwalder 提出的“商业画布”理论，又被国内学者称为“九要素模型”。该理论模型的商业模式由客户细分、价值主张、客户渠道、客户关系、收入来源、核心资源、关键业务、重要合作、成本结构九个关键要素描述。其要素及组织关系演示如图 5-1 所示。运用商业画布理论可以来设计和规划新的商业模式。

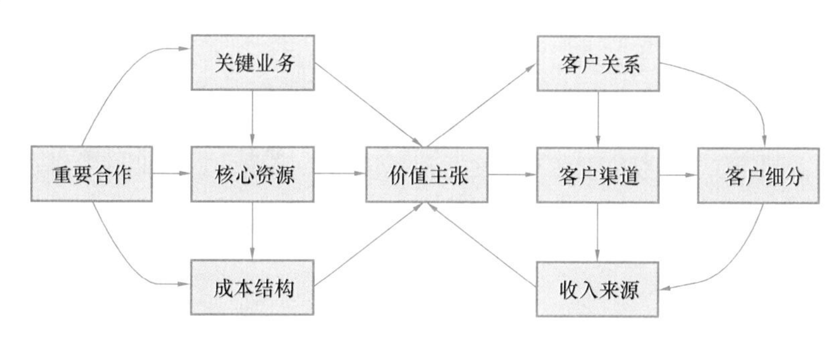


图 5-1 商业画布/九要素模型

（1）客户细分：通过建筑产业互联网，可以更准确地细分客户群体。例如，除了传统的住宅客户和商业客户，可以进一步细分为房地产开发商、装修公司、建筑设计师、专业施工团队等不同类型的客户。

（2）价值主张：用来描绘为特定客户细分创造价值提供的产品或服务。在建筑产业互联网中，可以提供各种创新的价值主张。例如，通过数字建模和虚拟现实技术，客户可以在建筑项目开始之前进行可视化预览和交互式体验。此外，还可以提供建设项目供应链优化方案、智能建筑管理系统、物联网设备和能源管理解决方案等，以提升建筑的能效和可持续性。

（3）客户渠道：用来描绘公司是如何与客户沟通并传递其价值主张。通过建筑产业互联网，可以利用在线平台和移动应用程序等渠道与客户进行高效地沟通和交付。例如，在线平台可以提供建筑设计、装修材料选购、施工队伍招募等服务。移动应用程序可以方便客户随时随地查看项目进展、与设计师和施工团队实时交流。

（4）客户关系：用来描述公司希望同特定客户细分建立的关系类型，回答“想和目标客户建立怎样的关系”的问题。通过建筑产业互联网，可以建立更紧密的客户关系。例如，可以提供在线客户服务、问题解决和售后支持，以及社交媒体平台上的交流和互动。

（5）收入来源：用来描述公司从每个客户群体中获取的现金收入。建筑产业互联网可以通过多种方式获取收入。可以通过在线平台的交易手续费、广告推广收入、智能解决方案订阅模式等方式获得收入。

（6）核心资源：用来描述让公司有效运转所必需的最重要的因素。在建筑产业互联网中，关键资源包括新一代信息技术、工程物联网设备、服务器和数据中心等技术资源。同时，人才资源也至关重要，如具备数字化技能和创新思维的设计师、工程师和技术专家。

（7）关键业务：为确保商业模式可行，企业必须做的最重要的事情。建筑产业互联网中的关键业务包括产业平台开发和运营、工程物联网安装铺设、数据分析等。此外，还需要与合作伙伴合作进行物资供应、施工管理和物流配送等关键活动。

（8）重要合作：让商业模式有效运作所必需的供应商与合作伙伴。在建筑产业互联网中，可以与各种合作伙伴建立合作关系，包括材料供应商、施工团队、设计师、房地产开发商、金融机构和科技公司等。通过合作伙伴关系，可以实现资源共享、技术协同和市场拓展。

（9）成本结构：运营商业模式所引发的所有成本。在建筑产业互联网中，成本结构涉及数字基础设施的投资、软件开发与维护成本、人力资源成本以及市场推广费用等。

在商业模式的相关研究中，深刻理解关键要素的组成与关系，能够协助企业判断外部环境及内部条件，对商业模式的架构体系发展提供有利指导。在商业模式要素分类的归纳总结过程中，商业模式经过逐步发展，逐渐超越了对特定企业或行业的总结与指导，从而具有更广泛的普适性，成为众多学者关注的主流。

### 5.1.3 商业模式创新

商业模式创新研究一直是商业模式研究的核心问题。商业模式创新与技术创新、管理创新和制度创新一样，都是企业实现“创新驱动发展”的重要方式。企业构建商业模式，一方面要始终结合政治、经济、社会、行业等外部环境的特点，另一方面要在企业内部资源或能力受约束的条件下开展。外部环境和内部条件的动态变化使得商业模式没有普适性也没有恒久性。企业把握发展机遇，保持核心竞争力，就需要不断进行商业模式创新和与时俱进。

商业模式创新是针对商业模式关键要素及其组合实施的系列渐进性或突破性变革活动。变革活动既有对行业内已存在的商业模式的革新，也包括对企业现有商业模式的改进。企业有不同的商业模式，其构成商业模式的各种要素或者构成要素之间的关系也存在差别。随着企业发展与时代变化，企业受限的内部资源与不断变化的外部环境相互作用，重构商业模式或产生新的商业模式。商业模式创新的本质是内外环境相互影响建立适用于企业发展的土壤，从而推动企业技术变革、管理方式变革，进而应对可能的挑战，最终实现企业的长远发展。通常由于商业模式创新的路径不同而没有统一的发展结果。但是无论何种路径，商业模式创新的目标有：

（1）满足被忽视的市场需求或解决客户“痛点”。

（2）将前沿科技转化为新产品或服务并推向市场。

（3）运用更好的方式或技术提升市场商业效率。

（4）开创全新的市场。

为实现目标，企业进行商业模式创新需要科学使用理论工具，并结合领域特征，确立合理的实施路径与多元的实现方式。建筑产业互联网商业模式创新有四种方式：

（1）项目模式创新：项目模式创新的本质是改变项目参与方在产业链的位置与角色，通过改变建筑企业价值创造过程中若干造、买、卖环节的关系。在项目内，建筑企业通过搭配自身的价值创造，并由合作者给予支持，将其整合出售。项目模式创新通过调整关系和组合，实现由建筑服务变为建筑产品或由建筑产品转变为建筑服务项目模式。

（2）盈利模式创新：盈利模式创新是改变建筑企业对于用户价值的定义以及盈利模型，通常需要企业从深入了解用户的新需求入手。传统建筑企业对于用户价值的定位为交易价值，盈利模式创新并非局限在市场寻找用户的新交易需求，而是从更高的站位深刻理解用户购买建筑产品或服务的任务及实现的目标。以目标为基础发掘建筑企业提供产品服务的深层方案，确定新的用户价值定义，并依照定义进行商业模式创新。

（3）行业模式创新：行业模式创新的本质是创造一条新的产业链，它要求在监管下使得建筑企业重新定义产业生产的产品或服务，或进入或创造一个新产业，重新整合资源。建筑产业通过推动数字建造，进入新领域并创造新产业，如信息技术在建筑领域蓬勃发展，政府需要建立对应的监管体系，从而将正在进行的建筑服务化商业模式创新向产业链后方延伸，为政府部门提供建筑产业监管平台的产品服务，并为监管体系构建提供技术支持。

（4）技术模式创新：技术模式创新是建筑企业模式创新的最主要驱动力，建筑企业可以通过引入新技术来主导自身的商业模式创新。一方面，大数据、人工智能、移动通信、云计算等技术同建筑领域深度融合，能够打破行业内信息壁垒、降低成本、提高建筑业的运行效率。同时，这些信息技术能够支持建筑业实现分工重塑与资源重组，帮助建筑企业进行商业模式创新，从而形成新的商业模式、组织结构与管理体系。另一方面，全自动化施工技术一旦成熟且商业化推广，就能够创造新的价值，如建筑企业可用全自动化施工技术替代传统现场浇筑或装配式建筑的建造方式，提供技术的生产方甚至能够直销用户，并在用户选定场所提供建筑服务并交付建筑产品。

### 5.1.4 建筑产业互联网商业模式定义和特征

随着计算机技术、互联网技术等信息技术的高速发展，建筑产业传统的商业模式也难以应对新环境。“互联网思维”指导下的商业模式创新路径冲击了各大传统行业发展路径，建筑产业同样需要适应互联网时代的发展模式。建筑产业互联网就是在“互联网思维”指导下在建筑领域产生的商业模式。它通过整合互联网、大数据、人工智能等技术，能够颠覆性改变传统建筑行业的经营方式和服务模式，推动了建筑行业的数字化、智能化和可持续发展。建筑产业互联网的提出给传统建筑行业带来了巨大的变革和机遇。为抓住发展机遇、化解结构性风险、深化商业模式创新、打造建筑产业互联网商业模式，建筑产业企业需要积极应对技术变革和市场需求的变化，不断进行试错和改进。

建筑产业互联网商业模式是建筑产业互联网与商业模式创新深度融合，在互联网思维指导下，整合互联网、大数据、人工智能等技术，通过对建筑产业链与价值链等全过程、全要素的互联互通和重新组合赋能，实现建筑业盈利模式、项目运营等颠覆性变革的综合价值创造系统。在数字经济与人工智能发展背景下，建筑产业互联网商业模式是推动新技术加速与建筑业融合发展，适应数字经济发展浪潮，促进建筑业高质量发展的重要工具。

在价值创造、价值交付、价值获取形成的商业模式架构下，通过对各价值要素及价值传递过程按照不同思维重点进行演化，以价值运动的逻辑展现出来，可以体现在一定时期的模式发展特点。建筑企业商业模式创新是一个基于逻辑关系和运营规则，涉及企业管理、社会经济、技术科学等多知识体系在内的系统工程，受制因素是多方面的，包括建筑产品生产、市场规律、技术创新等因素，同时受国家和行业发展政策的多方位导向作用。在外部环境和内部发展因素的驱使下，建筑产业互联网的商业模式由局部的技术、管理创新等转变为系统整体的创新。建筑产业互联网呈现出三类特征，分别为基于价值网络的商业生态圈、基于价值创造的价值增值、基于平台的网络化运作。

1. 基于价值网络的商业生态圈

互联网与建筑行业的融合加速整合了建筑产业链上的价值资源，各参与主体通过建筑产业互联网形成价值网络共享价值信息，形成以在产业具有竞争优势的企业为代表，以其优势业务与管理结构为核心，覆盖完整产业链的集团或企业联盟，即商业生态圈。这种建筑产业互联网形成的商业生态圈改变了竞争逻辑和商业发展演化机制。一方面，在面对单个建筑产品生产、销售的竞争逻辑时，商业生态圈通过整合生态圈内各参与主体的价值资源，更容易形成生产性价比更高的建筑产品或提供更完善的建设服务，具有显著竞争优势，最终将竞争转向建筑产业链生态圈的竞争；另一方面，商业生态圈将传统企业商业发展演化的机制从精益制造、优化工艺等局部创新方向转化为优化产业结构、利益分配方式等机制的整体产业链创新。商业生态圈通过核心企业领导合作伙伴和治理生态圈，优化产业链价值运动过程中不合理的成本因素，实现淘汰落后产业链，使得商业生态圈内价值资源高度聚集、价值高效运动、价值网络持续迭代。

2. 基于价值创造的价值增值

互联网与建筑行业的融合改变了建筑产业价值创造的主要方式，消费者通过参与建筑产品的价值创造过程实现价值共创。在建筑产业互联网的价值共创影响下，建筑产业的主要价值增值方式由产品转变为服务，企业则长期维持了一定规模的用户参与价值构建与创造，呈现出服务主导价值活动的态势。该态势的主要表现在以下三个方面：一是价值创造的目标转变。建筑服务代替建筑产品成为价值产生和流动的载体，使得资产、尖端技术、社会效益、团队能力形成的价值网络的增值代替了以货币为单位的价值增值成为价值创造的目标。二是价值增值的覆盖范围扩大。在新技术的加持下，建筑企业能够更好地了解客户需求，重拾过去因成本忽视的具有特定需求的边缘客户，并根据他们的需求提供新的价值服务，创造新价值。三是建筑企业与客户的关系深化。一般情况下，与客户的需求服务有关的价值创造的参与方越多，形成的价值网络的价值资源越多，价值内容质量越高，参与方与客户的关系就越紧密。目标客户与参与企业长期绑定交互，企业通过收集潜在需求指导建筑产品、技术改进方向，使得企业能够通过修改和拓展其现有产品和服务组合来创造新价值。

3. 基于平台的网络化运作

建筑产业互联网将分隔的工程建造过程形成的价值链转化为全过程参与的价值网络，并基于价值网络产生建筑产业互联网平台。企业在各类建筑产业互联网平台，如工人服务平台、集采服务平台、金融服务平台、知识服务平台、监管平台等，调整产品和服务组合，从而达到充分发掘闲置资源的剩余价值以及降低成本、提高效益的目的。从企业的角度来说，企业通过平台共享和出售价值信息，有望充分利用闲置的价值资源；从工程产品的角度来说，生产产品的项目成员通过建筑产业互联网平台合作，突破了工程产品的单件限制，有利于构成主动协作的长期合作关系，从而提高系统效率，产生更高质量的工程产品；从客户的角度来说，客户以最小的共享成本获取产品和服务的价值信息，更容易获取高效率、高效益的个性化服务。

## 5.2 建筑产业互联网生态系统构建

本节从商业生态系统相关概念与理论切入，在分析其产生背景、主要理论观点及价值的基础上，对建筑产业互联网内涵进行系统阐释。在分析中国建筑业企业发展现状的基础上，探讨基于商业生态系统的建筑产业互联网构建。

### 5.2.1 商业生态系统

商业生态系统（Business Ecosystem，BES）这一概念最早由1993年的美国经济学家Moore提出，他将其定义为一种基于组织互动的经济联合体。此后，Moore在1998年对其定义进行了扩展，即商业生态系统是由客户、供应商、主要生产商、投资商、贸易合作伙伴、标准制定机构、政府、工会、社会公共服务机构和其他利益相关者等各具一定利益关系的组织或群体所构成的动态结构系统。

近年来，商业生态系统已经成为经济学、管理学等多个学科领域的研究热点。学界关于商业生态系统的理论研究，主要在以下三个方面开展：一是阐述概念框架和系统特征。商业生态系统作为一种新型企业经营模式，其概念和特征是学术界所关注的。学者们通过对不同领域商业生态系统的定义和研究，统计和分析各种商业生态系统的共性特征，形成了广义概念框架和典型特征描述。比如，谢卫红等通过文献计量法发现基于数字技术的新的协作组织网络——数字商业生态系统（DBE）研究知识结构，由生态系统类比、DBE与数字技术支持、DBE与数字平台设计、DBE与创新商业模式和DBE价值共创五大内容构成。这些特征为理解商业生态系统的本质和关键作用提供了框架和基础。二是系统发展规律和内部机制分析。商业生态系统不同于传统的企业管理模式，它是一种由多个组织或群体共同参与的复杂系统。因此，研究商业生态系统的发展规律和内部机制，就成为学者们关注的重点。学者们通过案例分析、数理模型的构建等方法，研究了商业生态系统的演化规律、协同机制、创新机制等内部机制。比如，郭建峰等从生态视角揭示了数字资源通过与传统要素资源融合释放数据价值，并驱动形成价值循环体系、实现价值共创、塑造商业群落，最终实现企业商业生态系统跃迁升级。三是系统理论的应用研究。商业生态系统理论在实践中的应用是学者们追求的目标，也是产业界所关注的问题。将商业生态系统理论应用到实际生产和经营活动中，可以有效地促进企业的生产力和竞争力的提高。学者们利用商业生态系统的思维方式和理论体系，提出了许多有效的商业模式，比如共享经济、开放创新、生态圈经济等。这些商业模式为商业生态系统理论的落地和发展提供了实践基础。

### 5.2.2 建筑产业互联网生态系统

在商业生态系统的研究中，平台是一个研究热点。肖红军等认为平台型企业需要经过“产品平台→独立平台组织→平台商业生态圈”的演变过程。平台生态系统是围绕枢纽企业的一种跨企业组织形态，通常囊括了许多企业，跨越了产业的边界。作为核心的平台企业，为生态系统中的其他角色输出公共资源与能力，平台通过设立统一规则、标准、价值主张来连接主要企业、供应商、消费者等，同时提供治理机制，建立以平台为载体、以枢纽企业为领导的商业生态系统。在建筑产业中，这一概念同样适用。建筑产业的商业生态系统是一个由建筑企业、供应商、设计方、施工方、投资方、政府等多方参与的复杂系统。在该系统中，各方之间既合作又竞争，通过资源共享和优势互补，实现产业的协同发展。在建筑产业中，商业生态系统的优化和完善，能够促进产业的数字化、智能化和集约化发展，推动产业结构的升级和转型。

#### 1. 建筑产业互联网生态系统的构成

Jacobides 等认为平台生态系统是一个商业系统的核心部分，它吸引了大量优质的具备互补能力的参与者，并帮助参与者之间实现互联互通、协同合作，从而满足消费者需求，创造生态系统效益。左文明等将商业生态系统与自然生态系统进行类比，平台企业、客户企业、合作企业都是生态系统内部主体的构成要素，内部要素与外部环境之间相互作用，外部环境包括市场需求、政策导向、技术发展等。归纳来看，建筑产业互联网生态系统（图 5-2）的构成至少包含三个层级：①少数顶层的网络核心企业处在系统的领导者地位，战略重心是主导价值创造与共享；②中层的若干生态圈互补企业作为生态系统的骨干

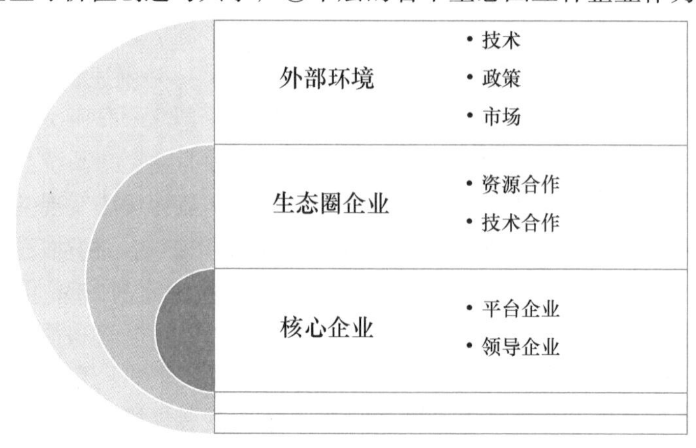


图 5-2 建筑产业互联网生态系统构成示意图

成员或关键节点，战略目标是实现协同共生与优势互补；③生态系统的外部环境。外部环境包括生态系统外部的技术、政策、市场变化等。内部环境包括企业之间相互关联与作用、合作、竞争等生态学关系。外部环境与内部环境相互作用。

建筑产业互联网生态系统核心企业是指那些具有在建筑产业互联网领域领先地位，能够培育和引领生态圈企业发展的企业。这些企业通常具有较强的技术、资源积累和创新能力，能够依托自身的技术和品牌优势，为整个生态系统的发展注入动力。这些核心企业可以是建筑设计、施工、运维等各个环节的龙头企业，也可以是互联网科技公司。这些核心企业推动了建筑产业互联网生态系统的不断升级和创新。通过核心企业的引领和带动，生态圈企业获得了更多与核心企业合作的机会和资源，从而促进了整个生态系统的发展。

建筑产业互联网生态圈企业是指针对建筑产业互联网的各个领域和环节，从产品和服务的角度出发，以技术为核心、以用户为导向，致力于提高企业运作效率和用户满意度的企业。这些企业与核心企业形成一种相互依存、能力互补的关系，共同推动建筑产业互联网生态系统的快速发展。建筑产业互联网生态圈企业可以分为多个细分领域，例如建筑设计软件、BIM 技术应用、智能建造设备、建筑供应链管理等。这些生态圈企业利用互联网、大数据、人工智能等新技术，为建筑产业提供全方位、一体化的解决方案，并能够满足消费者不断增长的个性化需求。

在建筑产业互联网生态系统中，内外部环境在该生态系统的发展中起着至关重要的作用。内部环境包括技术和人才资源、政策法规等因素。在技术方面，建筑产业互联网生态系统依赖于信息技术、互联网技术、大数据技术等前沿技术，在这些技术的支持下，生态圈企业能够提供更加全面的解决方案。在人才资源方面，建筑产业互联网生态系统需要高素质、多学科、创新型的人才。同时，政策法规也对该生态系统的发展产生了一定的影响，如各地出台的建筑业转型升级政策，鼓励建筑企业采用“互联网+”等方式进行变革和创新；外部环境包括宏观经济环境、市场竞争环境、社会文化环境等方面。宏观经济环境是影响建筑产业互联网生态系统发展的重要因素之一，如中国正处于经济转型期，建筑业面临的压力和机遇都需要通过产业结构调整等途径来解决。市场竞争环境及社会文化环境也是影响建筑产业互联网生态系统发展的重要因素，企业需要根据市场需求不断创新和优化产品或服务。

### 2. 建筑产业互联网生态系统的价值共创

进入网络经济时代，之前以“自利竞争”为标志的传统竞争战略已升级至以“共生共赢”为核心的价值共创体系。价值共创理论较好地解释了商业生态系统的内生动力或核心机制。在制造业中，从供方之间、需方之间以及供需双方交互三个视角展开，将平台生态系统不同利益相关主体之间的价值共创过程分为价值共识→资源共享→互利共赢→协同共生四个阶段。由此可见，驱动商业生态系统的内生动力及其核心机制实际是一个以互动或服务为主导逻辑的价值共创过程。这个概念在建筑业同样适用，建筑产业互联网生态系统的价值共创过程主要包含了利益相关者识别、价值定义和协商、资源整合和配置、价值创造和交付以及价值评估和调整等，这些共同构成了建筑产业互联网生态系统可持续发展的基础。

利益相关者识别。建筑产业互联网生态系统的利益相关者主要包括互联网平台运营商、建筑全生命周期各个环节企业、建筑资源供应商和相关政府部门等。这些利益相关者在系统中扮演不同的角色，有着不同的需求和期望。因此，在进行价值共创前，需要对这些利益相关者进行识别和了解，确保他们的需求被充分关注和满足。例如，建筑设计师需要了解用户需求进行创新性的设计；建筑施工企业则需要优化施工流程、提高施工质量和效率；科技企业需要利用数字技术获得利益；政府需要对建筑全生命周期监管监控等。

价值定义和协商。在确认利益相关者后，需要明确共创的目标和价值主张，并协商利益分配方案。在建筑产业互联网生态系统中，能够实现数字化建筑设计、数字化施工管理、供应链管理优化等目标是价值共创的关键点，即利用数字化技术连接各方，实现各方目标。例如，在数字化建筑设计方面，可以借助互联网技术和人工智能算法实现建筑模型的快速生成和优化，从而提高设计效率和精度；在数字化施工管理方面，可以运用传感器、物联网和云计算技术对施工现场进行监控和管理，从而实现优化施工流程和实时监测施工质量的目标。

资源整合和配置。在明确价值主张和协商利益分配方案后，需要对各种资源进行整合和配置，例如资金、人力资源、技术设备等，以实现共创目标。建筑产业互联网生态系统中有很多资源、能力互补的生态圈企业，这些企业具有丰富的技术和资源，并能够为主导企业提供必要的支持。例如，在数字化建筑设计方面，生态圈企业可以提供各专业细分领域的优化设计工具；在数字化施工管理方面，生态圈企业可以提供专业人才、物资、智能设备等支持。

价值创造和交付。在整合资源后，需要付诸实践并共同创造价值。通过充分利用各种资源和技术的优势，共同创造具有创新性的建筑产品或服务，从而提高整个产业的效率和质量。例如，在数字化建筑设计方面，可以借助生态系统中的互联网平台和设计软件工具，实现建筑模型快速生成，同时还能与其他生态圈企业进行协同设计、优化和验证，从而提高设计效率和精度；在数字化施工管理方面，可以运用物联网和云计算技术，实现施工现场的监控管理，同时运用人工智能算法进行数据分析和决策支持，优化施工流程和资源供应。

价值评估和调整。在实施共创计划的过程中，内外部环境会因技术、市场、政策环境等因素不断变化，需要对计划的进展和效果进行评估和监控，及时发现和解决问题，并根据内外部环境变化和共创目标的调整不断优化共创的价值主张和方案。在数字化建筑设计和数字化施工管理等方面，需要判断是否能够通过共创来提高效率、降低成本、提高产品质量，以及对环境等因素是否有积极的影响。

#### 3. 建筑产业互联网生态系统的创新与演化

由于生态系统具备的演化特征，核心企业构建和领导的系统在内外部环境的作用下，达到一定发展界限后就会开始进行自我更新。建筑产业互联网生态系统的创新与演化是指在生态系统中，利用各种内外部资源和技术手段，不断改进商业模式、实现价值共创、升级服务内容和提高用户体验等方面进行持续创新和优化，推动生态系统可持续发展的过程。产业生态系统的更新阶段既可能是基于外部环境，如出现更具竞争力的其他产业生态系统，客户的需求特征和偏好发生重大变化，产业政策或技术趋势的变化等；也可能是基于内部环境，如系统内部管理及领导面临新的挑战，系统参与者数量不断扩充后出现新的管理难题等。

产业生态系统的更新以变革与创新为核心，在核心企业的引导下，确定或捕获新的价值主张，优化原有价值创造和传递方式，为产业生态系统注入新的活力。从演化视角来看，建筑产业互联网核心价值链中关键技术和商业模式未发生改变时，价值链的重构表现为在现有技术上的扩容和延伸，因此，可将其命名为价值链扩容和价值链延伸。同时产业生态系统因为价值链的扩容和延伸也在发生变化，只是这种进步和创新是渐进式的，并未发生技术或者商业模式的根本性变化。当核心价值链中的关键技术或者商业模式发生改变时，价值链的重构表现为价值链重组，价值链重组是新旧价值链竞合后，生成新的价值链，促使战略性新兴产业生态系统突破式演化。

建筑产业互联网生态系统创新与演化阶段，主要活动包括：①对原有建造过程、建筑产品或服务进行改进，或开发新的建筑产品或服务。②为建筑产业互联网生态系统引入新的参与者，淘汰旧有落后的参与者，构建新的交易网络和价值关系。③优化或变革系统内交易规则，改进制度环境，提升交易效率并降低交易成本。④核心企业为系统注入新的资源或能力要素，提升系统的价值创造与传递能力。

### 5.2.3 建筑产业互联网背景下的建筑业企业转型

1. 新的企业经营环境

服务业态的多元化。以服务型建造提升建筑产业价值链，是信息化时代实现产业升级的关键。当前建筑业发展受到以人工智能、互联网、大数据等为代表的新一代信息技术影响，这些技术是建筑业创新最重要的驱动因素，催生了数字建造、智能建造等概念。信息技术的渗透融合在建造领域引起了建造技术变革、竞争格局调整和市场需求变化，成为服务型建造快速发展的核心动力。越来越多建筑企业围绕建筑全生命周期的各个环节，不断融入能够带来商业价值的增值服务，实现从提供单一产品向提供产品和服务体系转变。背后的核心理念是利用数字技术来重塑工程建造，包括对工程建造活动、利益相关者协作方式以及工程产品使用等的改变，最终创新服务价值，满足日趋多元化的用户需求。传统意义上的建造服务是面向建筑转换活动的，即通过一系列管理、约束将原材料转换成建筑产品的活动，而平台服务模式下的建造服务，则是面向满足客户需求的，需要注意的是，这里的客户不仅仅指业主，也包含建筑产业链上下游各方主体。这些客户需求不一定与建造过程直接相关，例如相关企业的经营管理需求与外部资源获取，但满足这些需求一定是提升建筑业整体效率与价值创造能力的。通过信息化手段，服务变得具象化、可定义、可交易。服务可以以各种形式融入建筑产品的设计、施工、运营维护和价值提升的各个方面，创造多样的服务形态，并通过平台搜索和交易将不同类型的工程建造服务形态集成在一起，提供给客户。建筑企业进入产业价值链的不同环节，进行价值链的重构，将产品和服务进行捆绑销售，在满足客户需求的同时获取价值链多环节的利润成为趋势。以建筑运维为例，保证建筑产品持续正常使用能极大提升业主的满意度，增加运维服务的价值。如果建筑运维采取被动响应的方式应对产品使用异常，会造成产品功能中断而给客户带来不好的体验，降低客户满足感，因此建筑运维应在产品出现异常以前识别可能的故障并进行维修、更换处置，并借助临时性功能单元保证产品使用者能够继续使用产品功能。建筑产业互联网为实现主动式运维创造了条件，通过建筑智能运维平台，建筑设计方、施工方、材料供应商能够长久参与到建筑使用过程，和建筑运维方共同为业主提供即时运维服务。以智能传感设备为主的工程物联网技术帮助运维方掌握建筑运行的实时状态，运用数据分析和人工智能等智能化方法可以根据实时状态预测产品异常，为主动式运维提供决策依据，包括维修材料的准备、检修周期的确定以及设备的智能控制。同时，建筑运维数据也可以帮助建筑设计方改进设计，帮助施工方改进工艺等。

产业竞争转向价值共创。服务型建造本质上是一种顾客服务模式的生态圈经济，企业资产和能力的互补性构成了这种生态圈。企业知识资产的稀缺性、不可模仿性和共享性是服务型建造转型的关键。产业互联网平台所有者和互补者群体所形成的生态联系相比传统供应链中的合作关系更为稳定。产业互联网中核心平台与互补企业间存在“交互赋能”机制。一方面，产业互联网平台吸引互补企业连接到生态中，对互补企业的技术、组织和战略赋能，促进互补企业的组织绩效和组织变革；另一方面，随着互补企业的加入，互补企业将自身的数据技术、资源注入平台，实现互补企业与平台的协同共生和共同演化。在这种建造合作伙伴关系转向全过程参与、长期合作关系的价值网络运作背景下，市场竞争从单一企业竞争演变为产业链生态竞争。在建筑产业链上，建设单位、设计公司、工程材料供应商、建筑设备供应商、工程承包商、建筑运维服务商等参与方协同合作完成建筑工程的各个环节。随着经济发展，客户对服务的需求越来越强烈，而新技术和工艺的涌现提高了建筑产品的复杂性，对于服务的需求越来越强烈。只有生态圈经济能够统筹协调利用不同企业资产和能力去满足客户复杂多样的服务需求，才能在服务建造的产业竞争中获得优势。在这种产业竞争新格局下，建筑产业更重要的是增强价值共创的能力，即企业需要参与互联网平台带来的复杂且动态的业务互动，例如，基于数字孪生与人工智能的施工平台，通过施工过程监控与信息共享，实现工程多方高效协作，推进施工流程优化；基于建造资源的网络交易平台，连接闲散的建造资源，如工程机械、劳动力资源以及优质的原材料供应商等，使碎片化的资源集中化，共同为工程项目创造价值。企业通过参与互联网平台复杂且动态的业务互动体系进行价值共创，在建筑产业生态中的所有企业，都能够发挥各自的核心优势，协同合作、利益共享、风险共担。

从短期交易向长期交易转变。市场竞争加剧使得建筑企业越来越重视与产业链上下游关系。基于价值链视角的建筑产业互联网以价值共创为需求导向挖掘建筑产业链价值增值过程，通过建筑产业互联网平台与建筑业生产深度融合，建筑核心企业与工程材料供应商、设备供应商、专业分包商等企业自身资源、能力和业务流程在日益复杂的管理场景实践中不断调整优化，易于建立产业生态来稳定交易关系，从而建立更稳定的供应链体系，降低交易成本。这种由产业链上下游企业纵向联结成的产业生态能够依托上下游企业的直接利益关联与业务往来形成决策效果的溢出性影响。长期协同合作中，建筑产业链能更全面、系统地了解客户需求，并围绕工程设计、施工、材料采购等领域开展各种协作。这种基于平台的长期交易模式也有利于建筑企业的数字化转型，企业数字化转型的核心是通过引入数字技术或凭借数字平台与信息技术实现企业传统的组织结构、运营模式等全方位变革进而提升竞争优势。提升盈利能力、生产效率与市场地位是多数企业进行数字化转型的主要动机，当企业加入产业生态网络后，平台使得上下游企业间物流、信息流、资金流紧密联系，能够通过缓解资源约束与传递有效信息进而促进企业数字化转型。企业数字化转型不再局限于单个企业内部，而是涵盖上下游企业等相关群体构成的生态网络。建立企业间长期协作关系，可充分利用组织的稳定性抵消外部市场环境中的不确定性，有利于借助组织制度形式来分摊组织风险和提高组织效率。

2. 组织结构的升级

在现代组织理论框架下，企业不仅追求自身利益或价值的最大化，而且充分考虑各类利益相关机构，在满足利益相关方诉求的基础上实现利润最大化目标。基于利益相关者价值共创的管理思想，使企业的组织结构模式从传统的科层式结构与官僚型管理体系，逐渐转向具有新经济特征的“网络关系”与虚拟结构等新兴管理模式。在建筑产业互联网发展背景下，许多建筑企业开始探索基于平台型企业的转型模式。平台型企业是指通过构建开放、共享、协同的互联网平台，整合各方资源，提供多元化服务和价值创造。在建筑业转型中，平台企业可以发挥重要作用。首先，平台型企业可以促进建筑项目的整体优化。通过建立数字化管理平台，实现信息流、资金流和工程流等数据的高效流动与共享，提升建筑项目管理和运营效率。其次，平台型企业还可以推动建筑供应链的协同发展。通过平台，建筑企业可以与供应商、分包商、设计师等各个环节形成紧密合作，实现资源的共享和协同创新。这种供应链协同可以有效降低成本、提高质量，并加速项目的进度。此外，平台型企业还可以通过引入新技术和创新业务模式，推动建筑业的智能化和工业化发展。例如，利用物联网技术和智能传感器，实现建筑设备的远程监控和智能管理；采用3D打印技术和预制装配构件，提高建筑施工效率和质量。平台型企业可以搭建创新交流平台，吸纳行业内外的优秀人才和资源，共同推动新技术、新产品的研发与应用。通过这些创新措施，建筑企业可以实现从传统建筑到智能建造的转型升级。

在建筑企业转型过程中也面临着一些挑战和难题。首先是平台建设的复杂性和高投入。建立一个完善的平台需要大量的资金、技术和人力资源投入。其次是市场的接受度和竞争压力。由于建筑行业对数字化转型的认知度和接受度相对较低，平台型企业需要面对传统观念的改变和市场竞争的挑战。此外，数据安全和隐私保护也是平台型企业需要重视的问题，加强信息安全防护措施，确保用户数据的安全和隐私。为了顺利实施基于平台型企业的转型，建筑企业可以采取一些策略和措施。首先，需要制定合理的转型战略和规划，明确目标和路径，确保转型的方向和步骤有序推进。其次，要加强与技术公司、科研机构等的合作，共同开展技术研发和创新应用，实现技术突破和商业化落地。同时，建筑企业还可以加强内部培训和人才引进，提升员工的数字化能力和创新能力。最后，政府和行业协会也应提供政策支持和指导，为平台型企业的转型提供良好的环境和条件。

### 5.2.4 生态系统构建分析——以某互联网平台为案例分析

1. 案例企业发展历程

某互联网平台自2015年成立起，始终致力于建筑“互联网+”业务。近年来该平台围绕建筑业企业客户需求一步步发展成建筑产业互联网综合服务平台，其发展里程碑如图5-3所示。在该平台的建筑产业互联网生态构建过程中，业务模式发展经历了以下几个阶段。

第一阶段为撮合交易。2015年成立初始阶段是从建筑线上招标投标平台切入，一开始开发的集采系统只是简单地录入对账信息，后来逐渐上线了招标、合同信息、对账、发票、付款信息与往来账目管理，实现了商务电子化。给采购单位以及供应商都增加了便利，也方便了总公司对下属单位的商务合约进行管控。为了满足建筑企业和供应商更精细

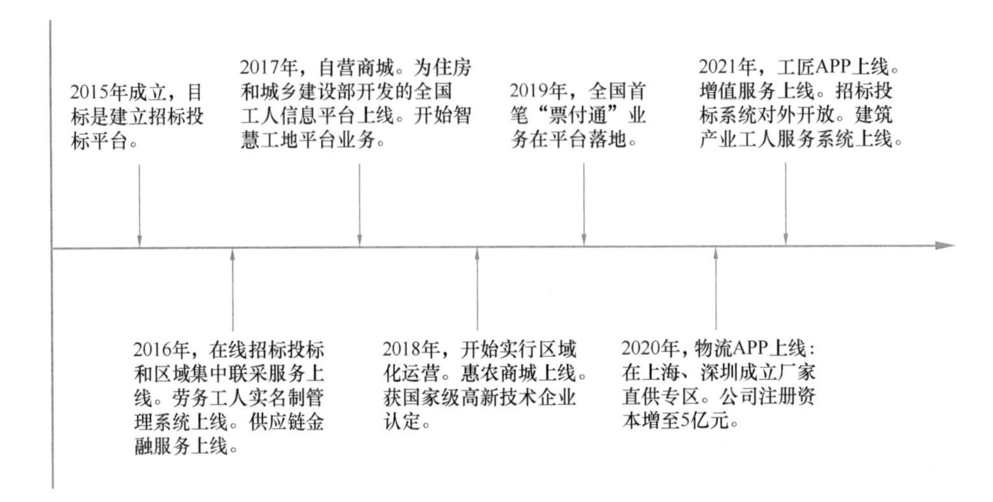


图 5-3 发展里程碑

化、更专业、基于交易的服务需求，该平台开发了自营商城，自上而下推进 MRO（Maintenance，Repair and Operations）采购，MRO 采购是指企业在一定的条件下，从供应市场获取工业品或服务作为企业资源，以保证企业生产及经营活动正常开展的一项企业经营活动。传统零星材料采购因种类繁多且价格不透明，导致成本高风险大。通过 MRO 采购直接引入厂家及大代理商，大幅降低了采购成本，也降低了供应链风险。

第二阶段为供应链金融。建筑行业因存在建设单位资金实力差异而导致施工单位前期乃至中后期都需要垫资施工的情况，施工单位如无法按时收到建设单位工程款，势必会影响到对供应商付采购款，造成对供应商压款。针对这一需求，该平台推出金服保理服务。因该平台整合了供应链中的合同、发票、对账等所有商流信息，该平台以此与各大银行洽谈合作，其金服保理业务分为反向保理（与银行合作，利率参照基准利率，占用采购单位授信额度）与正向保理（与商用保理公司合作，利率较高，不占用采购单位授信额度）。需三方（采购单位、银行、供应商）线下签订三方协议，供应商将相应应收账款转让给银行，到期后采购单位向银行还款并支付相应利息。对于供应商来说，金服保理业务因相关应收账款转移给银行，由银行代为支付，能够保证按时回款。对于大宗物资来说，因收款更为及时，降低了资金风险，也大大降低了资金成本；对于采购单位来说，该互联网平台代表其与银行谈判，利用反向保理向银行融资，利率水平低于银行承兑和国内信用证，降低了融资成本。

第三阶段是形成建筑产业链集成服务。前期该平台建立的集采平台、优选商城和供应链金融服务，缺乏对建筑项目层级的渗透，还无法实现建筑全产业链级别的集成服务，但其一直在积极布局，2020 年开始孵化物流业务，满足客户多元化需求，一站式链接线上下单，实时采集过磅数据并推送至云端，从而减少项目值守人力，实现线下收货行为与线上订单的自动关联。2021 年上线工匠业务，面向建筑工人提供实名制入场、电子合同签订、考勤、工资管理、培训及技能认定等全流程服务，助力建筑产业工人队伍培育。未来还将建立起以项目为基本单位的分包单位、产业工人可信评价系统，基于企业、个人的信用评价信息，发展项目层级的劳动力资源供需匹配。

2. 建筑产业互联网发展路径分析

该互联网平台业务经历了三个阶段的跨越发展，逐步形成了以 MRO 商城和集采招标平台为核心的物资供需匹配业务、供应链金融平台业务、物流平台业务以及以建筑产业工人培育为核心的智慧用工业务，成为建筑产业互联网综合服务提供商。业务框架如图 5-4 所示。

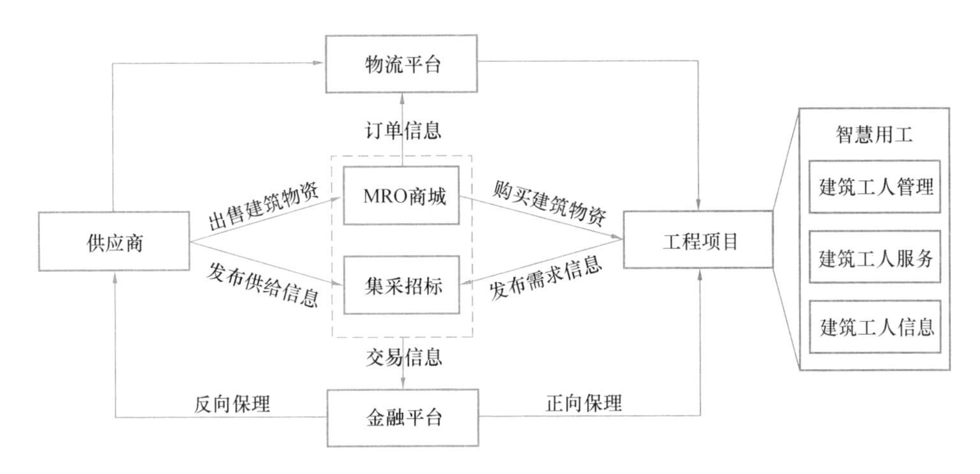


图 5-4 业务框架

平台构建赋能传统业务。从平台发展阶段来看，建筑产业互联网平台的发展是一个渐进的过程，在发展初期阶段，该平台尝试将互联网技术应用于建筑采购招标业务中，以提高效率、降低成本和改善用户体验等方面来实现单点突破。凭借集团公司的先天资源优势，掌握丰富的原始资源，该平台首先建立了线上集采招标平台，通过该平台，建筑企业可以更加高效地寻找服务供应商，服务供应商也可以更加方便地接触建筑企业和投资方，实现互利共赢，提高了建筑产业的资源配置效率，降低了交易成本和风险。在原始平台业务取得突破后，该平台不断深挖传统建筑招标采购需求，自主研发形成了集采、招采、寻源交易等多项平台交易服务，随着时间的推移，平台功能不断拓展。围绕着集采招标业务，该平台又上线了供应链金融平台与物流平台业务，平台之间逐渐连接，实现数据共享、资源互通等，逐渐发挥网络效应，商业运营模式日渐成熟。平台服务模式创新必须是基于用户导向的、由市场需求驱动的，仅靠先进技术无法准确洞察与挖掘用户需求。其平台构建即遵循用户需求导向，用先进技术去满足需求，形成新的业态，新的业态又进而形成新的需求，如此往复，就是该平台构建逻辑。这样使得平台的业务总能满足需求，对业务有效赋能，又能使平台生态不断壮大，增强网络连接效应。

生态连接促进价值链重构。平台不断满足用户需求、赋能传统业务的过程，也是产业内外部价值链重构的过程。产业互联网平台为用户提供了全流程溯源和全方位协同发展的能力，通过构建数据化、可视化和智能化的生态服务体系，实现有效整合产业链各方服务资源，并创造和释放更多的生态红利。在平台的实践中，一方面，科技是该平台对建筑企业内部价值链重构的关键一步，其结合新兴技术应用，将产业思维深度融入产业服务中，并致力于实现“生态化协同”的阶段性关键任务。基于其交易环节沉淀的真实海量数据和大数据分析技术，为建筑行业上下游企业提供数字科技产品，有效降低供应链成本，同时实现对用户的信贷全生命周期管理；基于区块链等信息加密技术，该建筑产业工人互联网平台使得过去不易记录的工人职业信息得以记录，并能够可信流转，为建筑产业工人队伍的建设提供助力。另一方面，该平台通过网络协同重构建筑企业外部价值链，其通过平台实现信息流、商流、物流和资金流等业务流闭环，优化各要素资源配置效率，提高产业链整体协作水平，使得上下游企业能够朝着合作共赢的方向协同发展，实现生态共赢，从而带动全产业链升级。具体来说，平台采用精准、高效的寻源招标服务，为项目和供应商用户提供更快更优的产业链物资供应路径，并匹配结算与承运能力，从而促进建筑供应链信息系统的互联互通。

资源整合促进服务化转型。服务化转型是建筑产业互联网更高层次的目标和意义所在。建筑产业互联网发展过程中的产业痛点问题，仅凭新兴技术无法解决。而产业互联网所拥有的“生态共赢服务”赋予了创造解决方案的条件。产业互联网生态从产业视野和格局，思考全产业链的痛点，寻求生态共赢的解决方案。正是不同资源的互补耦合、迭代升级，提升了产业互联网平台的生态服务能力。该平台积极整合合作资源，正是互联网汇聚数据、信息、知识等资源和要素的能力，推动建筑产业互联网核心企业与生态圈企业在跨界合作和协同创新过程中相互赋能。仅凭该平台和其总公司还无法覆盖建筑全产业链的赋能服务，因此需要引入合作伙伴一起构建能力矩阵。一方面，基于区块链技术的企业信用产品，以服务为导向构建建筑产业链数据化、可视化和智能化的信用和流通体系，消除企业间合作信用壁垒。其信用类融资产品和反向保理产品均通过与银行、保险公司等多家机构的合作，实现优惠贷款和低成本融资。同时，其开发的替代投标保证金的创新保险产品，有效解决了资金占用问题。借助核心企业优质授信帮助上游供应商获取低成本融资，并可实现多级流转。另一方面，该平台致力于提供全行业专业覆盖的定制化培训服务，建立行业共通的标准。在产业互联网中，标准化可以解决技术瓶颈、降低成本、提高质量、促进交流与合作、推动产业升级等问题。通过核心企业与生态圈企业的能力互补，建筑产业互联网就可以通过共享资源和技术来实现中小企业经营成本的降低和企业能力的提升，利用平台的连接功能和拓展功能为中小企业提供服务，使得建筑业创新能够更好地扩散，提升整个行业的创新水平，进而以行业龙头为核心的建筑产业互联网生态能为客户创造更优的服务，获取更大的价值。

## 本章小结

模式创新已经成为在“工业 4.0”和“中国建造 2035”的技术和政策背景下，实现发展转型和经营升级的重要突破点。商业模式内涵广泛，建筑产业互联网是建筑领域的商业模式创新。建筑产业互联网商业模式拓宽了传统建筑企业经营战略框架，目标是对抗不断变化的市场环境和加速演变的竞争格局。其特征包括基于价值网络的商业生态圈、基于价值创造的价值增值和基于平台的网络化运作。

建筑产业的商业生态系统是一个由建筑企业、供应商、设计方、施工方、投资方、政府等多方参与的复杂系统。在该系统中，各方之间既合作又竞争，通过资源共享和优势互补，实现产业的协同发展。建筑产业互联网生态系统的构成包含核心企业、生态圈互补企业以及生态系统的内外部环境。

建筑产业互联网背景下，建筑业企业经营环境发生改变。建筑产业互联网生态系统中的企业以平台为依托，赋能传统业务，重构产业内外部价值链，实现自身转型升级。与此同时，建筑产业互联网生态系统以“共生共赢”为价值核心，通过互联网的连接能力，有效整合产业链各方服务资源，实现不同资源的互补耦合、迭代升级，从而提升建筑产业互联网为用户提供价值的生态服务能力。

## 思考题

1. 建筑产业互联网的兴起给传统建筑行业带来了哪些变革？请分析其对建筑生命周期不同阶段的影响。

2. 从平台模式和生态系统角度来看，建筑产业互联网的商业模式有哪些特征？请列举并解释其重要性。

3. 在建筑产业互联网的生态系统中，不同参与方扮演着不同的角色。请描述这些角色，并分析它们之间的关系和相互依赖。

4. 建筑产业互联网平台如何通过战略合作和共享资源的方式促进生态系统的发展？请提供相关实践案例进行解释。

# 6 建筑产业互联网平台治理

【知识图谱】

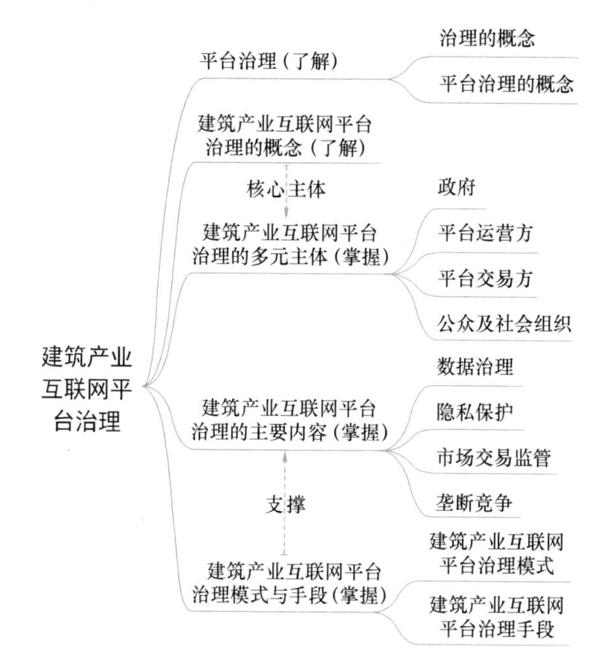


【本章要点】

知识点1. 建筑产业互联网平台治理概念。

知识点2. 建筑产业互联网平台治理格局。

知识点3. 建筑产业互联网平台治理难题。

知识点4. 建筑产业互联网平台治理模式。

知识点5. 建筑产业互联网平台治理手段。

【学习目标】

（1）掌握建筑产业互联网平台治理概念。

（2）理解建筑产业互联网平台治理的多元共治格局。

（3）了解建筑产业互联网平台治理的关键议题。

（4）掌握建筑产业互联网平台治理的模式与手段。

建筑产业互联网平台通过网络将建筑市场中的供给端和需求端连接在一起，实现了资源的交换和配置的优化。平台经济作为以平台企业为支撑演化出的新的经济形态，已经逐渐成为促进流通、畅通循环、推动实体经济发展的重要力量。然而，在推动模式创新、颠覆传统产业的同时，平台经济的发展存在野蛮生长、市场垄断、恶性竞争、数据争议等问题，引起了社会广泛关注，严重制约了平台经济的规范健康发展。此外，平台中参与主体更加多元，各方利益诉求不同，竞争手段动态变化，容易发生交易合规风险增加、资源分配不公、市场混乱等问题。因此，平台治理成为一个紧迫而又现实的要求。明确建筑产业互联网平台治理核心内容，构建多元共治格局，创新治理模式与手段，将是推动建筑产业互联网平台繁荣发展的重要保障。本章从建筑产业互联网平台治理的概念、多元主体、关键议题以及治理模式与手段进行阐述。

## 6.1 建筑产业互联网平台治理概念

治理是各种公共的或私人的个人和机构管理其共同事务的诸多方式的总和，是使相互冲突的或不同的利益得以调和并且采取联合行动使之持续的过程。它既包括有权迫使人们服从的正式制度和规则，也保留各种人们同意或以为符合其利益的非正式的制度和规则。治理的概念具有以下四个特征：治理不是正式的制度，而是持续的互动；治理不是一整套规则，也不是一种活动，而是一个过程；治理过程的基础不是控制，而是协调；治理既涉及公共部门，也包括私人部门。

新一轮科技革命和产业革命深入发展，现代社会中以数字技术、信息技术等为基础的互联网平台快速崛起。互联网平台是一个由多主体交互作用、数据与技术驱动的复杂生态系统，具有结构复杂、功能复杂、治理复杂等特征。作为信息资源集聚和共享的重要载体，互联网平台能够有效连接各个环节，提供关键的信息支持和多方协同的便利。但是随着互联网平台的迅速发展，也带来了诸如数据泄露或市场秩序混乱等问题。因此，互联网平台的持续健康发展需要有效的治理机制，确保数据安全，维护用户权益和市场公平竞争。

对于平台治理的概念目前并没有一个统一的表述。Eisenmann 等提出平台包括平台设计和平台治理两方面，其中平台治理是指平台企业需要制定一套明确权利和义务的规则体系。Evans 认为平台治理是平台通过制定各种规则以控制平台运作，减少不良交易行为和管理问题，最大化自身利益。Ceccagnoli 等提出平台治理是平台企业通过对所拥有的基础资源和高级资源进行组织、协调，建立有序的制度体系。Nambisan 等认为互联网平台治理关键在于平台企业如何制定准入规则、定价机制、运行和协调机制等，并经过生态主体多次博弈而形成一套完善规则体系。Parker 等认为平台治理涉及哪些主体参与平台生态系统，如何进行价值分配，以及如何解决冲突的问题。综合以上解释，平台治理涉及市场秩序维护、平台规则制定、数据治理等问题，平台需重视自我治理、自我规制的重要性，充分发挥政府、用户、社会组织等主体的治理优势，优化治理路径，推动平台的有序运行。

建筑产业互联网平台治理可理解为政府、平台运营方、平台交易方、公众及社会组织等共同参与，通过法律、制度、技术、经济等主要治理手段，对平台生态系统中的各类规则和参与者行为进行规范与管理，构建有序发展的平台生态系统，为工程建造的全生命周期管理提供支持和价值创造。

## 6.2 建筑产业互联网平台的多元共治格局

建筑产业互联网平台的参与主体除了包括平台运营方和利用平台从事各类建造活动（如咨询、设计、施工、材料供应等）的企业或个人外，还囊括了履行监管职能的政府机构和各类行业组织等。然而，任何一个单独的治理主体都无法具备解决平台治理问题的全部知识、资源和工具，这就需要不同主体能够发挥自身优势，形成多元主体共同参与的协同治理格局。建筑产业互联网平台治理应依托平台加强工程建造项目中各参与方的信息交流与传递，充分发挥政府、平台运营方、平台交易方、公众及社会组织等多元主体的协同作用。

虽然政府和平台运营方在平台治理中居于重要地位，但仍无法替代其他利益相关方的协同治理作用。已有的平台治理模式正逐渐吸纳更多的治理主体，但平台交易者、公众及社会组织在其中的作用没有得到充分发挥，其立场与利益诉求得到关注较少。此外，平台治理模式仍习惯于封闭决策这一惯性思维，各个治理主体之间缺乏充分交流，导致治理主体经常性缺位，治理效果有限。因此，建筑产业互联网平台的平稳发展需要多元治理主体共同参与，形成协同治理格局。这需要满足两个条件：一是各个治理主体明确自身的定位与权责；二是各个治理主体之间密切合作。通过建筑产业互联网平台多元共治，将各方利益主体的诉求、能力与资源进行整合，梳理多元治理主体的责任分配，充分发挥各治理主体的能力优势，兼顾治理成本和治理效率，形成治理合力。

### 6.2.1 政府

政府以追求社会总福利最大化为目标，是市场秩序的维护者。同时，以国家法律和制度为基础，其拥有着强制性权威力量，在建筑行业中往往发挥着不可替代的作用。但在相当长一段时间内，建筑行业管理多以良好的施政愿望为出发点，采用自上而下的单向度、指令化方式进行管理决策。这种方式导致大量与工程建造相关的海量公共信息和数据分散存储于各个职能部门之中，使得政府部门与社会组织、企业、公众之间的数据分享、流通困难。

建筑产业互联网平台的崛起使得传统单纯依靠政府直接治理建筑市场行为的方式难以适应新的形势。对政府而言，亟需改变目前以单向监管为主的行业管理方式，实现从单纯的“监管者”到“治理者”与“服务者”并重的角色转变，打破封闭且碎片化的治理体系，强调以公众需求为治理导向，以信息技术为治理手段，跨越组织职能边界，从政策监管、行业服务、科学决策等方面对平台治理进行有机协调。同时，政府还需因时制宜、因地制宜地调整治理方法以适应平台治理需求，与时俱进推动自身职能转变，提高政府的运行效率、服务水平和治理能力。

在建筑产业互联网平台治理过程中，政府应充分发挥其重要作用，总揽全局，进行平台治理的顶层设计；统筹兼顾，加强与参与平台治理的多元主体之间的协同；通过政策、制度、规划等多种方式，弥补平台市场在配置资源中的不足，维护良好的平台生态。在数字政府建设上，政府应构建广泛联系公众、企业、政府部门的数字基础设施平台，实现由科层式行业管理体系向以数据为驱动的行业治理体系的转变，以及智慧政务服务与高效协同办公。首先，基于工程大数据及先进信息技术的运用，政府可以建立电子政务网络、工程物联网以及行业资源网，构建开放的建筑产业互联网平台。这类平台能够为工程行业主体和公众提供高效率的政务服务，如工程企业准入、企业经营备案、面向公众的工程信息公开、工程政务审核备案以及企业违规惩戒等，提高行业服务的质量。其次，通过分析建筑产业互联网平台中积累的海量工程数据，政府能够整合行业资源，探索建立大数据辅助科学决策和市场监管的机制。此外，政府还需加强内部协同。在建筑行业运转的过程中，难免会出现各种争议或事故，需要行业主管部门进行协调和处置，如工程争议协调、工程事故调查、工程质量缺陷责任确认等。在这些协调业务中，政府部门需要通过有效的数据支持，确保争议协调、事故调查和质量责任确定等环节的公平公正，以维护政府信用和形象，防止腐败等不良现象的发生。借助建筑产业互联网平台，可以实现以数据为支撑的对行业运转进行协调，保障政府部门判断公平公正。

政府也需加强与平台运营方之间的协同。平台运营方具有数据与技术上的优势，是平台治理的重要参与者，也是政府的重要合作伙伴之一。因此，政府一方面应当为平台运营方更好地履行管理职能创造条件，并且在其涉嫌违法时，及时介入对其进行直接管理。另一方面，鼓励平台运营方积极完善平台内部规则，对平台运营方与用户的权利义务、用户的行为规范等进行详细规定，积极依靠规则来对平台运营方与用户等多主体的行为提供指引。从营造良好平台发展环境的角度出发，厘清政府和平台运营方的监管责任划分与侧重点，平衡好政府监管和平台自治的关系，合理分配职责，提高治理效率。此外，政府应积极动员社会力量参与治理，充分发挥行业协会、公众及其他社会组织的社会监督作用，实现对建筑产业互联网平台的协同治理。

### 6.2.2 平台运营方

平台运营方主要负责建筑产业互联网平台组件开发、平台搭建与运维、服务监控和管理等业务，实现对建筑产业互联网平台的高效管控。在建筑产业互联网平台模式下，平台运营方可以通过收集项目需求信息，并对建筑产业互联网平台的资源（服务）数据进行挖掘分析，从而为资源（服务）需求方或资源（服务）供给方提供资源（服务）推荐、商业情报、战略规划等增值服务。

在建筑产业互联网平台的协同治理格局中，平台运营方同样扮演着关键角色。作为平台市场交易的组织者，平台运营方需要考虑平台的商业利益和长期发展，并与用户、政府监管机构以及其他利益相关方进行沟通合作。通过共享数据，主动披露平台规则、商业模式等相关信息，可以提高平台运营和治理过程的透明度，既有助于增加平台市场参与主体的信任，又有助于政府及其他利益相关方参与进行平台治理。平台运营方通过向政府、社会组织等外部主体交流其新技术、新模式及新业务，一方面可以快速填补政府监管部门的信息盲区，缓解信息不对称问题，使政府部门能够在平台运行的不同时间点精准定位治理目标；另一方面，通过对外部社会组织及其他相关利益参与者的技术赋能，可以缩小平台与社会个体之间的“信息鸿沟”，进一步提高社会监督在治理合力中的作用。

此外，平台自治与平台交易方的权益公平、数据安全等直接关联，这些通常是其他治理主体难以单独实现的。利用平台的资源控制优势，平台运营方可以利用平台规则的修订、补充和完善来规范交易活动，建立科学的信用评价体系，让建筑市场参与主体充分了解潜在合作伙伴的履约信誉，消除信息不对称现象，减少不确定性风险。同时，平台运营方还可以利用大数据、算法与合同规则等多元化平台自治工具和手段对多源异构的工程大数据进行挖掘分析，全面、快速、准确地掌握平台交易活动状况，对建设项目的信息流、物流与资金流进行动态监管，及时发现潜在的工程交易活动中失信行为，有针对性地加强对违法违规可能性较高的交易方的监管，维护其他相关主体的利益。以工程建造活动中难免存在的包括恶意索赔、粗制滥造、拖欠工程款在内的各类合同纠纷问题为例，可以通过将建设项目招标投标过程的数据、现场施工组织影像资料、工程款支付凭证信息等集成到建筑产业互联网平台中，使原始工程项目信息得到完整保存，依据真实可信的客观数据并对其进行分析，对违法违规行为进行判定，妥善解决工程合同纠纷，优化建筑市场环境。

### 6.2.3 平台交易方

平台交易方根据其在交易中的角色，可以分为资源（服务）需求方与资源（服务）供给方。资源（服务）需求方根据自身的业务需求，利用建筑产业互联网平台注册、发布工程服务需求，进而搜索、租赁或购买所需的建造服务。资源（服务）供给方将建造资源通过建筑产业互联网平台给定的流程进行注册、发布，以形成相应的建造服务，供需求方搜索与调用。资源（服务）需求方和资源（服务）供给方之间并没有严格的界定，可以根据资源（服务）实际需求进行身份转换，但是根据建造服务的类别不同，有一定的资质门槛要求。任何达到资质的企业或个人均可以通过建筑产业互联网平台购买个性化的工程建造服务，也可以作为建造资源（服务）供给方拓展其业务范围，提高其增值服务能力。

平台交易方是工程建造服务的直接参与者和活动执行者，但其在治理过程中常常处于被动监管的地位。建筑产业互联网平台的开放、平等、共享等特征使得平台交易方可以更加容易地参与到平台治理中。一方面，平台交易方作为平台交易中工程建造服务的“产消者”，交易行为自律应成为交易主体的基础共识。例如，建筑材料供应商、建筑工程承包商、设计师等应提供真实、准确的产品和服务，履行合同约定、遵守交易规则，保证工程交易的质量与安全；房地产开发商、工程业主等按照合同约定保证工程款支付。此外，建筑企业在参与工程建造服务交易活动时需发挥相互监督作用，对其他建筑企业实施的违法行为进行举报，保护自身的合法权益不受侵害。例如，在平台治理过程中强化平台交易方间的互评监督与交互反馈。基于平台记录的时间、成本、质量、信誉等全方位工程建造服务信息，对交易方行为进行监控与评估，若出现工程质量缺陷等问题，可通过平台进行反馈，公开相关不良行为并进行违规惩戒，从而有效规范交易市场，加强企业的自律约束以及利益共同体参与治理的积极性。另一方面，平台交易方作为建筑产业互联网平台服务的直接体验者，交易主体的多样性和群体智慧使其能够识别不同类别的治理风险，例如数据合规利用、企业商业秘密保护等，实时监督平台可能存在的问题并及时向外部反馈，发挥广泛的监督作用。

### 6.2.4 公众及社会组织

公众是工程基础设施的主人，理应是行业治理的重要参与者、体验者和维护者，但是目前公众较难发出自己的声音，并参与到行业的治理活动中。社会组织是指除了政府、平台企业以外的，按照一定的目的、任务和形式建立起来的相关组织，例如行业协会、社会媒体等。面对日趋多元化、融合化与复杂化的建筑产业互联网平台形态，公众和相关社会组织参与平台治理的结构地位与功能空间应被重视，从而发挥他们在平台治理中促进行业自律和社会监督的作用。

建筑产业互联网平台治理应确保公众、行业协会等社会组织对平台市场秩序的监督渠道畅通，以激发平台其他治理主体的治理活力。一方面，通过构建完善的信息公开制度，拓宽公众参与平台治理途径，公众可以针对平台规则、隐私保护、用户权益等方面的问题，充分发挥社会监督的作用，通过其监督、评估、建议、反馈，改进平台的运营策略。另一方面，行业协会等社会组织可以通过制定团体标准及行业规范等，对平台业务运作进行有针对性的场景化治理，发挥相关社会组织在维护行业秩序、促进行业自律等方面的重要作用。

在建筑产业互联网平台的多元共治格局中，各主体应协同合作，在保证平台稳定运营的同时积极创新，实现平台的可持续发展。其中，政府应充分发挥其重要作用，领导参与平台治理的多元主体；平台运营方应通过技术创新与规则完善，关注平台信息的真实性和透明性，确保平台稳定运营；平台交易方应遵守诚实守信的原则，履行合同义务，在资质认证许可范围内进行建筑活动；公众及社会组织应合理利用平台资源，监督平台合规性并积极反馈，促进平台良性发展。

## 6.3 建筑产业互联网平台治理的关键议题

建筑产业互联网平台将传统建筑市场中的供需双方通过网络连接在一起，汇聚了海量的工程建造资源与数据。然而，在平台发展过程中，数据作为其中的一个关键生产要素，工程数据的价值释放与数据安全之间的矛盾与冲突日益突出。同时，平台聚集工程建造的众多参与方，虽然提高了工程建造服务交易效率，但也可能引发交易合规性与交易风险等问题，潜在地扰乱建筑市场秩序。因此如何加强对建筑产业互联网平台市场及数据等方面的治理，确保平台的正常运行和可持续发展，成为平台治理亟待解决的重要议题。

### 6.3.1 数据治理

党的十九届四中全会首次提出将数据作为生产要素，并将其作为重要的国家战略资源之一。同时，在数字经济时代，数据已成为驱动经济社会发展的一种新型“资本”要素。各类互联网平台在不断扩张版图的过程中，积聚了海量数据，并重视数据价值释放。然而，随着数据量的指数级增长以及以数据为核心的互联网平台商业模式创新，数据合规利用与信息安全问题日渐凸显，平台治理的复杂性大大提升。以数据为核心生产要素、以数字技术为驱动力的新生产方式为创新治理方式、提升平台治理能力创造了路径。

相比于其他行业，建筑行业业务具有数据量大、数据类型多、覆盖面广、来源复杂等特点。从项目启动、执行到结束，涉及规划、设计、施工、竣工验收、运营等多个环节，这些环节产生了海量的多源异构数据，这些数据由于绝大多数来自生产现场且未经过预处理，只能作为生产过程资料被保存，难以集成共享，存在数据孤岛问题，导致实现数据的协同管理较为困难。同时，工程项目中集成的数据都围绕工程项目全生命周期、工程建造价值链等，数据间关联性强且蕴含信息复杂，并且由于缺乏统一的数据标准，数据质量参差不齐，数据资源价值难以发挥出来，制约建筑业的创新和发展。因此，亟需建立面向建筑行业的数据治理框架，创建统一的工程数据标准，推动数据资源的流通共享，对海量异构多源多类的工程大数据进行深入分析，全面挖掘数据的潜在价值。随着数据的需求与应用日益广泛，数据要素价值的释放路径更加多元，但无论是组织内部的数据应用还是组织间的数据流通，数据面临的安全风险也逐步凸显而更加突出。一方面，数据应用的复杂性和数据分析挖掘的多样性增加了数据权属管理和抵御安全攻击的难度；另一方面，越来越多的跨组织间数据流通进一步加速了数据被盗用、误用、滥用的安全风险。此外，各类互联网平台数据安全事件使得数据安全治理成为各界无法忽视的焦点问题。作为推动建筑产业互联网创新发展的关键生产要素，数据的治理直接关系到建筑产业互联网平台能否激发数据价值创造。因此，建筑产业互联网平台的数据治理也要重视数据开放共享、价值释放以及安全治理等方面。

建筑产业互联网平台的数据治理可理解为政府、平台运营方、平台交易方、公众及社会组织等参与主体在建筑行业政务管理及生产过程中，通过技术、制度、人员培训等多种方式，实现提升数据质量与应用价值、促进数据资源整合与流通共享、保障数据安全等目标。数据治理主要包括两个层面：一是对数据的治理；二是对用数据的治理。其中，第一个层面可以理解为工程数据是一种重要的资源，对产业发展、行业治理等方面产生重大影响，且是驱动建筑业转型升级的重要因素，因此需要对其进行有效治理。第二个层面则一般是指建立在海量数据资料基础之上的治理，是一种基于工程大数据技术挖掘、分析和应用重构管理、服务和决策流程的新型管理方式。

在建筑产业互联网平台数据治理的多元主体中，政府作为建筑产业互联网平台的治理主体，其职能要求政府关注并协调与大数据建设相关的人、事、物，起到了数据治理决策作用，并且需要与其他治理主体交换共享数据并提供数据服务。工程项目参建单位在产生工程数据的同时，加强利益相关者之间的信息共享与资源开发，支持数据驱动的工程项目规划、设计、施工和运维管理，促进各方的协同工作、相互信任、合作共赢。平台运营方需要对工程建造全过程数据流、工作流进行管控，挖掘数据价值为工程建设生产活动服务，实现资源整合，为工程项目全生命周期各阶段的业务运作提供科学决策。同时，为了避免算法滥用的发生，如过度个性化用户的信息流，使用户只接触到与其偏好和观点一致的信息；不当宣传，利用推荐算法大规模传播虚假信息、仇恨言论或其他有害内容；偏见与歧视，特定群体受到不公平对待，特定敏感信息或边缘化群体的观点难以传播等问题，平台运营方除了需要提供专业化数据审核以及评估，还应该对用户进行多元化推荐，防止“信息茧房”的形成。建筑产业互联网平台的数据治理（图 6-1）宜重点从四个方面入手：一是要促进数据开放共享，增大数据体量，将封闭的数据释放出来，为数据分析提供充足的“原材料”；二是要提升数据质量，实现数据标准化，为数据互通和数据分析提供“可用”数据；三是要促进数据的交易流通，让已有的数据流动起来，为不同数据集合之间建立更多的相关关系创造条件；四是要规制数据风险，维护各方主体数据权益，规范数据开发利用行为，营造合法有序的数据要素市场秩序。

数据开放共享是将已有的数据释放出来，增大可获取的数据体量，为大数据开发应用

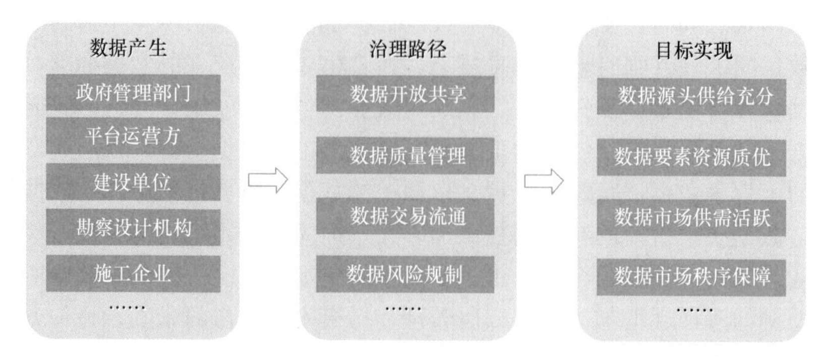


图 6-1 建筑产业互联网平台数据治理框架

提供数据资源基础。政府等公共部门在履行职能过程中掌握了海量、多样化的数据资源，对这些数据进行科学有效的开发将带来巨大的经济社会价值。从建设领域数据管理角度出发，构建以政府为核心的数据资源开放共享机制。政府从数据顶层设计考虑，建立并统一工程建设领域大数据管理基础共性数据标准，推进工程建设领域大数据管理与数据治理。市场主体则以政府建立的基础共性数据标准为基础，构建关联的数据管理模式，为实现行业内大数据贯通与应用奠定基础。建筑产业互联网平台汇聚整合政府部门、行业市场主体的数据信息，并向全行业开放共享工程数据标准，提供数据源，以促进实现各行业、各主体、各业务板块间信息化管理系统有机联系、彼此协同、融合应用，共享工程数据资源。

数据质量管理主要指对数据生命周期各个阶段中可能引发的数据质量问题进行识别和预警，保障数据的高质量和高价值。在发展建筑产业互联网平台的背景下，数据质量问题显得尤为重要，影响到海量数据整合的效率和效果。数据规范统一是提高数据整合效率的重要前提。目前工程数据采集过程存在终端多、通信协议标准不统一等问题，降低了工程数据质量，需在数据采集环节建立统一的工程数据标准。确保数据的完整性、一致性、精确性和及时性是保证数据应用的基础，因此要对数据进行甄别，尽可能全面地掌握数据源，以防遗漏和错判，提高数据获取的质量。因此，政府应加强工程数据质量管理，建立和完善数据分类分级管理体系，制定数据资源目录编制规范，组织行业协会及企业按照数据资源目录处理各类数据，明确数据来源和管理职责，确保数据的真实性、准确性、完整性、时效性。

数据交易流通是在已有数据的基础上促进数据重用、发挥数据价值的有效手段，有机聚集、整合不同的数据集，在数据集之间寻求建立更多相关关系，促进数据融合应用。过去，建筑业对工程数据的重视程度不高，忽视了数据作为新的生产要素的经济价值。实际上，建筑产业互联网平台海量数据价值亟待挖掘，只有在不同的应用场景中发现数据的价值，建筑产业互联网平台拥有的海量数据才能活起来，才能让数据变成资源。建筑业的数据交易流通主要包括通过建筑产业互联网平台提供工程数据服务、企业间的数据共享合作等形式。为更好地培育工程数据要素市场，政府应当发挥带头作用构建收集、加工、共享、开放、交易、应用等数据要素市场体系，建立安全、可信、可控、可追溯的工程数据交易环境。从政策层面，制定出台保护个人数据、商业秘密和国家机密数据的有效措施，并在工程数据交易、行业监管、数据资产定价指标体系等规则方面研究制定出切实可行的办法，引导和督促市场主体合法处理、交易数据形成的数据产品和服务，加强工程数据资源有序、高效流动与利用，保障建筑产业互联网健康发展。

数据风险规制意在解决数据风险和安全问题，为数据价值释放提供保障。作为数据收集、处理和传输的枢纽，建筑产业互联网平台面临着复杂而严峻的数据安全挑战，平台涉及各类高资产的工程交易活动，且平台内的一些交易数据涉及工程企业的商业秘密，潜在的市场参与者担心数据泄露损害企业利益，丧失市场优势，往往不敢放心地将自身业务和数据置于平台上，严重阻碍行业数据资源价值释放。建筑产业互联网平台数据安全治理，需要根据具体的业务场景和各生命周期环节，有针对性地识别并解决其中存在的数据安全问题，防范数据安全风险。具体来说，可以通过探索区块链、电子签章等技术的融合应用，保障工程数据具有唯一标识性、可追溯性，促进数据的有效可信，解决由于重复建设导致的数据多来源、数据资产权益不明确等问题。同时，数据中可能含有个人隐私、国家机密数据，需要对工程数据安全保障机制进行研究，加强各层级数据接口的安全管理，形成工程数据涉密清单，保障数据全生命周期安全。

### 6.3.2 隐私保护

随着互联网和数字经济的迅猛发展，用户信息的收集、交换和利用变得越来越便捷，然而，随之而来的隐私安全问题也日益严重。例如，由于建筑工人的信息存储分散，不同阶段涉及不同的利益相关方，难以界定其信息管理的具体权限，无法保障工人信息的隐私性，这使得平台治理中的隐私保护问题成了一个重要的社会议题。为了在平台治理中加强隐私保护，需要从技术手段、监管机制、政策法规和多方协同等多个方面进行探讨。

第一，平台治理中的隐私保护可以采取一系列的技术手段，以保障用户数据的隐私安全。首先，数据加密是最基本的技术手段之一。通过对用户敏感信息进行加密传输和存储，可以有效降低因传输和存储过程中受到攻击而导致的信息泄露和数据篡改风险。例如采用区块链和加密技术，对工程的招标投标、施工、结算、保修等每个阶段数据信息进行加密，既能保障隐私安全，又能随时接受检查。其次，可以采取多重认证机制，如密码、生物识别等方式，增强身份验证和访问控制的安全性，从而保护用户的个人隐私和账户安全。此外，还应该注重采用数据去标识化的技术手段，即对敏感信息进行匿名化处理，以确保数据在传输、存储、使用和删除的过程中不会被恶意使用或泄露。最后，可以采用数据备份和恢复技术等手段，保障数据的完整性和可用性。

第二，平台治理中的隐私保护需要建立健全的监管机制。为保障用户的数据隐私安全，监管机制主要包括数据安全评估、风险评估、用户信息公开等多个方面。在数据安全评估方面，监管机构应该对平台数据采集、处理、使用、删除等过程进行监测和评估，及时发现并处理可能存在的问题；在风险评估方面，监管机构应该制定统一的风险评估标准和方法，加强对数据泄露、攻击和滥用风险的管理和控制；在用户信息公开方面，监管机构应该加强对平台运营过程的监督，加强对平台数据使用合规性的审核与认证，对建设项目全过程的数据信息进行记录，及时公开相关信息，供行业内的参与主体如建设单位、勘察设计单位、施工单位、监理单位、供应商等审查，确保信息的真实性，增强用户对平台的信任度。

第三，平台治理中的隐私保护需要注重政策法规的制定和执行。政策法规是规范平台运营行为和保障用户利益的重要法律基础，也是实现有效隐私保护的必要途径。政策法规的内容应该覆盖数据收集、使用、共享、删除等多个方面。其中，数据收集方面需要明确数据用途、范围、方式等信息，保护用户隐私和数据权益；数据使用方面需要明确平台数据收集和利用行为的限制和规范，防止数据滥用和恶意攻击；数据共享方面需要明确数据共享的前提条件、安全措施、隐私保护等相关内容；数据删除方面需要明确平台在收集、使用、共享后，及时删除不必要的信息，保护用户的隐私权利。

第四，平台治理中的隐私保护需要注重多方跨界协同和合作共建。相比于其他行业，建筑业的市场参与主体众多，跨平台、跨界等情况更加普遍。因此，各参与主体之间需要建立数据交换、利益共享等机制，增强对数据自主控制和监测能力。同时针对数据共享和流通等过程，还需要建立统一的标准和规范，加强数据标识和认证管理，提高数据的安全性和使用效率。

### 6.3.3 市场交易监管

平台市场是一种基于整合和管理多方参与者的商业模式，它由平台运营方建立并运营，在买家与卖家之间促成交易，并以此获得经济价值。平台作为平台市场的中介，通过收集、整理和传播信息，为参与者提供交易所需的服务。同时，通过算法和数据分析等技术手段，平台还能够实现买家和卖家之间的优化匹配，使双方能够更快速、更准确地找到合适的交易对象。平台市场提供了广阔的市场需求和商业机会，其在现代经济中的重要性和影响力持续增强。

市场交易行为是指在市场经济环境下，基于商品或服务的交换而进行的行为。在这种行为中，卖方将其商品或服务提供给买方，而买方则给予卖方对应的货币或其他交换物作为回报，这种交易过程是自由的，在市场环境下遵循供需关系和价格机制。市场交易行为本质上是在市场供求关系调节和价格机制作用下的以自我利益为前提的经济行为。通过对平台市场中的交易行为进行管理，可以提高交易效率，保障参与者权益，防范法律风险并推动平台市场的健康发展。

在建筑产业互联网平台中，市场交易行为主要包括建造服务供需双方的交易活动，既需要遵循一定的规章制度，关注交易的合规性与法律风险，也需要考虑交易的效率和效果。在供需双方的交易过程中，供方可以是建筑材料供应商、建筑工程承包商、设计师等，需方可以是房地产开发商、工程业主、施工单位等，双方通过平台完成信息对接、协商谈判和达成交易。

市场交易行为作为平台市场的核心组成部分，如何对其实施有效治理对于平台整体的治理具有重要作用。在市场交易行为的治理过程中，平台可以通过制定用户协议、交易规则、审核机制等来确保交易的公平、公正和透明。例如，工程项目实施的各个阶段中，相关资料应保存在平台中，让建筑行业管理部门能够监督建设单位、施工单位等在项目实施过程中的行为履行，确保交易诚信规范。若市场交易中存在欺诈、虚假宣传、不当竞争等问题，就会扰乱市场秩序、破坏市场信用，甚至导致市场崩溃。此外，平台还可以通过提供高效的交易流程、智能化的交易工具和算法，提高交易效率和成本效益。一方面，平台可以提供搜索和匹配功能，使供需双方能够快速找到合适的交易对象；另一方面，平台应提供交易评价和信用体系，鼓励供需双方遵守约定，增强交易的可靠性。总而言之，市场交易行为的有效规范和治理可以促进平台市场的有效运作与公平竞争，确保参与者的合法权益得到保护，提高其在平台市场中的交易积极性，并提升整个平台经济体系的效率和稳定性，同时建立健全的市场交易行为规章制度，可以推动实现平台市场的良性循环和繁荣发展。

### 6.3.4 垄断竞争

互联网平台引发巨大的规模效应、网络效应，使得平台具有天然的垄断倾向，对平台内交易主体产生了强大的支配和影响力。2019 年 8 月，国务院办公厅发布了《关于促进平台经济规范健康发展的指导意见》（国办发〔2019〕38 号），进一步要求“切实保护平台经济参与者合法权益，强化平台经济发展法治保障”。

平台之间的竞争主要是围绕着市场占有率、用户数量、服务质量、用户体验、技术研发等方面进行的。平台通过提供更好的服务质量、更高效的交易流程和更先进的技术等不断优化自身产品，吸引更多的用户，并进一步加强自身在市场上的地位和能力，形成一种强者愈强的局面。平台垄断竞争是一种特殊的市场结构形式，指在数字经济和互联网领域中，少数几个具有市场支配地位的平台通过差异化竞争和创新，让自己与其他平台的产品和服务有明显的区别，从而控制市场并影响平台参与者的行为。平台垄断竞争会导致限制市场发展、降低消费者福利、阻碍创新等问题。因此，针对建筑产业互联网平台中可能存在的垄断竞争，需要政府和监管机构采取措施进行监管与规制，维护平台市场竞争的公平性。

平台垄断竞争治理是指采取一系列措施来限制或减轻垄断平台的市场支配地位，需要综合考虑市场规制、法律法规和监管机制等方面，以确保平台行为合规、市场公正。首先，需要加强对市场情况的监测与评估，及时监测市场变化和竞争态势，评估垄断平台的市场份额，并定期公布相关数据和信息，为治理决策提供科学依据。其次，还需要加强反垄断执法，政府和监管机构应当加强对垄断平台的监督与调查，及时发现并打击垄断行为，依法处罚违规行为，促进平台的自律和规范运营，确保市场的公平性和竞争的有效性。同时，治理垄断竞争还需要保障市场准入的开放与公平，政府可以通过降低市场准入门槛、简化审批程序、鼓励新进平台的创新和竞争，打破垄断平台的壁垒，增强市场竞争活力。最后，数据作为平台运营与发展的核心要素，是治理建筑产业互联网平台垄断竞争的重要一环。监管部门可以通过建立信息采集与分析系统，及时获取平台经营数据，对平台的经营状况进行审查，加强对平台监督，保证其合法合规经营。

## 6.4 建筑产业互联网平台治理的模式与手段

在建筑产业互联网平台治理中，为了有效促进参与方之间合作创新和知识共享，实现资源整合，增强平台的整体运行效率和效果，需要根据平台自身的特性选择合适的治理模式。从整体来看，互联网平台治理可以分为三个层面，一是对互联网平台的内部治理，主要表现为互联网平台通过自治行为实现自我管理；二是对互联网平台的外部治理，即由国家或者政府对互联网平台运营进行监督管理，通过外部治理的方式实现对互联网平台的有效规制；三是对互联网平台的协同治理，指在平台运营过程中，各方共同参与、相互配合的一种治理方式。此外，建筑产业互联网平台治理还需要不断优化治理手段，促进平台高质量发展。

### 6.4.1 建筑产业互联网平台治理模式

1. 内部治理模式

平台内部治理是指平台成员负责平台的内部治理，通过制定并执行一系列规章制度、机制和措施来监督并管理平台内部各参与方的行为，从而保障平台稳定运行并促进行业健康发展。在这种模式下，平台治理的实施者既是平台的维护者，也是平台的受益者。

为了保障平台的稳定性和维护用户权益，建筑产业互联网平台首先需要建立健全的内部治理体系。平台内部治理的参与者必须严格自律，遵守平台的规章制度，自我约束并承担相应责任，以道德为基础，秉持诚信原则，履行相关义务，以维护平台的良好秩序和诚信环境。另外，平台内部治理需要根据市场需求和变化调整，及时适应技术创新、市场需求、行业标准和法律法规的变化，与外部环境相协调，进而保障平台的可持续发展。

平台内部治理有助于构建稳定、公正、高效的平台生态，规范各参与方的行为，增强市场透明度和参与者的信任，降低信息不对称和交易风险；能够规范平台运营流程和服务标准，建立服务质量监控和评估机制，确保参与者能够获得高质量的服务与产品，提升服务水平；通过建立健全的监管机制和有效的制衡机制，平台能够合理分配资源和权益，提高资源利用率和协同创新能力，吸引更多的用户参与平台。

尽管平台内部治理在推动行业规范化、提升服务质量等方面发挥重要作用，但其仍然存在着利益冲突、实质性审查不足和强制性不足等问题。平台作为市场经济的主体之一，在追求自身利益的同时，决定了平台所有决策必定以实现自身利益和平台内部良性运转为出发点。平台通过制定用户协议，与服务使用者达成平等协议，以民事契约的形式规定双方的权利义务，用户只有遵守协议中规定的条款，才能享受平台所提供的各项信息服务。不同于公权力主体，平台所提供的协议本身以及在执行协议的过程中，并不一定是完全从维护公共利益的立场出发。

2. 外部治理模式

当下，互联网平台暴露出来的资本无序扩张、不正当竞争、自我规制的动力不足等问题逐渐凸显，当内部治理失范时需要监管部门等外部权力介入对其实行全过程监管，以规制平台在日常运行和市场竞争中的权力滥用。

外部治理模式是指平台成员不直接参与平台的治理，而是由平台成员之外的其他机构代表平台成员的利益对平台及其活动进行运营和管理。外部治理通常涉及政府、行业协会、用户等多个不同利益相关者，各方共同参与平台决策和规则制定，维护平台参与主体的利益。外部治理的核心在于建立适用于平台运营的规则和标准，并确保其有效执行，从而实现规范平台参与者的行为、优化资源配置、维护公平竞争并通过公权力的实施督促平台及参与者履行法定责任。此外，外部治理也强调信息共享与沟通的重要性，各主体之间需要建立良好的信息沟通和共享的机制，以便能够相互了解彼此的需求，及时传递相关信息，有助于提高决策的科学性和有效性，促进治理体系的协调。

与平台内部治理模式相似，平台外部治理模式同样可以优化资源配置并提高用户满意度。具体来说，该模式能够通过整合与共享资源，提高资源利用率，降低交易成本；能够加强对平台的监督，防范不当竞争，保护用户的隐私和权益，及时解决用户的问题和需求，营造公正、透明的交易环境，增强用户信任感；具有较强的公权力属性，能够充分调动社会资源，对平台内部治理的不足加以完善，有利于压实主体责任，更好地形成内外部联动的治理格局；能够促进建筑业协同发展，行业协会的参与能够加强行业内部的交流合作，形成良性互动，推动行业各方联动发展。

虽然外部治理模式在促进行业健康发展方面发挥着重要作用，但也存在一些问题。由于建筑业的复杂性和技术创新的快速发展，监管机构往往无法及时跟上平台的变化，导致监管滞后或执法不力的情况。行业标准的制定需要各方的共同参与和讨论，但是平台内部、行业协会和监管机构之间的利益冲突和意见分歧常常导致标准制定缓慢。

3. 协同治理模式

平台的内部治理和外部治理是相辅相成的，只有在内部治理规范的基础上，才能更好地完成外部治理的任务，提高平台服务水平和用户满意度。为了更好地实现平台治理的目标，平台内部治理和外部治理需要密切协作，形成多元主体协同治理模式。该治理模式强调各利益相关方之间的协同行动，主要包括政府的引导和监管、平台运营方的自律和创新以及平台用户、公众和社会组织的积极参与。

平台协同治理模式根据不同平台治理主体的治理能力，选择与之契合的治理方式和治理工具。第一，政府应积极吸收和应用大数据等新兴技术，加快数字政府的建设，优化组织结构和管理流程，提高政府的服务质量和服务效率，提升治理能力和治理效能；第二，平台应积极赋能相关行业管理部门，交流平台新技术、新模式及新业务，避免行业管理部门的技术创新盲区和信息不对称问题，帮助有关部门精准定位具体的治理对象和治理环节；第三，平台用户应积极参与并加以监督，保障自身合法权益不受侵害；第四，对于公众和社会组织而言，应积极发挥广泛的社会监督作用，形成良好的平台治理合力。综上所述，平台治理主体之间应形成动态互动的协同共治机制，根据平台发展与治理的适时需求，创新治理方式和治理工具，充分发挥各主体的治理优势，取长补短、相互促进。同时，考虑到平台治理主体的治理诉求并非一成不变，在形成协同治理机制的基础上，还必须保持迭代优化的治理思维。

### 6.4.2 建筑产业互联网平台治理手段

与传统建筑业治理相比，平台条件下的治理问题更加多变，更具复杂性和不确定性，相关法律政策与治理机制的调整都可能改变建筑产业互联网平台各参与方之间的互动行为，影响到不同群体的利益关系。另外，平台经济的发展普遍对数据信息具有极强的依赖性，应加强数字技术的运用，开展科学监管。因此，需充分发挥行政手段、市场手段、技术手段在建筑产业互联网平台治理中的作用。

1. 法律制度

随着互联网平台推动行业新模式和新业态的发展，平台监管政策以及相应的法律法规等制度建设相对落后，对互联网平台的外部规制不足。一方面，互联网平台产生的诸多新问题已经超越现有制度框架，制度建设存在滞后现象，并在特定领域存在具体制度的缺失，从而造成规制失效或政策漏洞，无法为互联网平台治理提供制度支撑；另一方面，互联网平台制度建设呈现碎片化特征，很多制度缺乏明确的保障性制度或配套规定，造成不同制度之间的协同配套性欠缺，衔接存在问题，很有可能出现制度之间的冲突，甚至造成治理界定的模糊，影响互联网平台的有效治理。

基于以上问题，政府需重视顶层设计，从全局角度出发，制定建筑产业互联网平台治理的法律法规和一般准则。然而，法律的出台需要经历一个漫长的过程，行业管理政策的制定周期则更短、灵活性更强。行业管理部门应提高政策的时效性，及时回应市场发展需求，同时对政策的实施效果进行跟踪和调研评估，适时调整实施方式，适应市场发展变化。建筑产业互联网平台发展具有与传统建筑业发展不同的业态模式，如果继续沿用传统的思路来管理新业态，很可能会抑制新业态的发展。因此，行业管理政策的出台，应该以促进发展为指引，在发展与规范之间找到平衡，制定出适应建筑产业互联网平台发展的治理政策。当前，我国已出台相关政策推动建筑产业互联网平台的发展。例如住房和城乡建设部发布的《“十四五”建筑业发展规划》（建市〔2022〕11 号）指出，打造建筑产业互联网平台，需要编制关键技术标准、发展指南和白皮书。住房和城乡建设部等部门联合印发的《关于推动智能建造与建筑工业化协同发展的指导意见》（建市〔2020〕60 号）提出，要加快打造建筑产业互联网平台，开发面向建筑领域的应用程序。除了现有政策外，政府和相关行业管理部门还需根据建筑产业互联网平台发展发生的新变化以及出现的新问题，及时梳理现有政策与法律法规，适时完善或出台相关的政策和法律法规，实现平台治理有法可依，与行政监管体系相配合，协力维护建筑产业互联网平台的健康有序发展。

2. 平台治理机制

建筑产业互联网平台是一个复杂的生态系统，涉及不同类型的参与主体、平台交易行为等。因此，平台治理需建立起一套有效的治理机制，对平台内各参与主体的行为进行协调和约束，避免道德问题和信任危机的发生，确保平台的高效有序运行。建筑产业互联网平台治理机制主要包括经营主体准入、交易资源（服务）准入、知识产权保护、信用评价及信息协调机制。

（1）经营主体准入

交易双方能否在建造服务交易的基础上建立相互信任的关系是建筑产业互联网平台的成败所在。因此，需要通过设计平台的准入机制来保证建造服务交易的双方均能达到各自的利益诉求，以维持平台的吸引力以及资源集结力。

由于建设工程具有造价高、公共性及社会性强的特点，直接关系到人民的生命财产安全，因此要求从事建筑活动的企业必须具备一定的素质和能力，即具有相应的资质，并在经过政府有关部门的资格审查和认可后，才可以从事规范内的工程建设活动。当前，政府及行政主管部门对不同的经营主体设置了经营主体准入制度，通过设置从事建筑市场经营活动的最低门槛，来限制主体资格。《中华人民共和国建筑法》第十三条规定：“从事建筑活动的建筑施工企业、勘察单位、设计单位和工程监理单位，按照其拥有的注册资本、专业技术人员、技术装备和已完成的建筑工程业绩等资质条件，划分为不同的资质等级，经资质审查合格，取得相应等级的资质证书后，方可在其资质等级许可的范围内从事建筑活动”。企业资质构成了建筑产业互联网平台准入制度的核心，不同资质等级决定了建筑业企业参与招标投标的范围，个人资质证书和注册印章由企业保管，形成了当前企业资质与个人执业资格的“双重”管理模式。国家在不断深化“放管服”改革，也许在资质管理上会有变化，但基本的准入门槛还是需要的。

经营主体准入制度是工程质量安全以及建筑市场交易正常有序进行的基本保障，但其与建筑产业互联网环境下发展的工程建造服务交易模式可能产生一定的冲突。在工程建造服务交易模式下，工程需求与资源的匹配将深化至个体层面，过去由企业完全承担的工程项目，其中的一些非关键环节，未来可能通过任务分解，以自由自愿的形式外包给非特定的具有相应能力的多个个体，并通过建筑产业互联网平台协作完成。

（2）交易资源（服务）准入

建筑产业互联网平台除了需要为在平台上进行注册的个人或企业设计经营主体的准入机制，以保障建筑市场交易的正常进行外，为支持任何有能力的企业或个人将所拥有的资源或所能提供的服务发布于平台，供工程建造活动的需求与资源（服务）匹配过程调用，并保证平台的权威性以及匹配过程的可靠性，平台还需要设计工程建造资源（服务）的准入制度。

当前相关法律仅根据建筑业企业规模、历史业绩，按照企业资质对企业参与招标投标的范围进行了限制，这种只对资源（服务）提供方提供的资源（服务）进行最基本限定的方式，与建筑产业互联网平台下实现资源（服务）的自动匹配的要求不相适应。建筑产业互联网平台具有对资源（服务）进行全面感知的特点，平台不仅可以对资源（服务）状态进行实时显示，更重要的是可以对其历史交易信息进行全面记录，根据这些历史信息建立综合评价体系，对资源（服务）的服务质量进行全面评估，从而进一步依据交易资源质量评估信息建立建筑产业互联网平台下的工程建造资源（服务）准入制度，保障资源（服务）需求者对资源（服务）的质量要求，促进平台的公平竞争，保证平台的良性运转。

（3）知识产权保护

在建筑产业互联网平台中，面向服务的理念正影响着建筑业的全面发展，推动建筑领域业务流程以及服务模式的变革，并为工程建造服务化转型提供发展的契机和动力。受这一理念的影响，建筑企业的发展理念将从建筑产品的生产转向为用户提供具有丰富内涵的产品和服务，从满足用户的基本物质需求转为通过知识来满足用户无形的深层次需求。为保证需求与资源的精确匹配，经营主体需要按照自身情况发布具有特色的资源（服务），主要包括：工程项目建设过程往往会产生一些新技术、新工艺、新产品，例如建筑设计过程产生的一些建筑作品、工程设计图、产品设计图等图形作品和模型作品等；在建材供应链交易过程中，可能涉及新型建材样式、工艺流程、施工方法等信息；数字建筑平台服务商借助技术能力及数字化工具，对建筑产业互联网海量数据进行精准识别和分类，通过数据挖掘、分析和运用，产生大量有价值的数据，形成数字资产，为平台客户提供智能化决策服务，提高经济效益和社会效益。然而这些工程建造服务创造的智力劳动成果（新技术、新工艺、新产品）、数据资产等，都属于企业的知识产权，通过将知识产权商品化、资产化，挖掘其内在蕴含的价值，帮助企业实现经济效益，提升企业综合竞争力与核心竞争力。因此平台方需要建立相应的知识产权保护机制，以保证资源（服务）提供方的合法权益和盈利能力。

（4）信用评价

建筑业是我国经济重要支柱和引擎，但目前层层转包、违法分包、偷工减料、拖欠工程款的诚信缺失现象在建筑业仍然存在。信用评价体系是保证社会和经济良性运行的重要机制，面对建筑产业互联网平台上存在的海量主体和巨量交易，构建信用评价体系是解决平台治理问题的一个有效途径。为规范建筑市场秩序，营造公平竞争、诚信守法的市场环境，住房和城乡建设部颁布的《建筑市场信用管理暂行办法》对建筑市场各方主体进行信用管理。其中将建筑企业的招标投标、合同履约、建筑市场各方主体的优良信用信息及不良信息等内容纳入信用评价体系，并建立全国建筑市场监管公共服务平台对建筑市场各方主体的信用信息及时公开。但由于建造活动信息具有隐蔽性，监管部门无法进行全过程监管，只能采取调查一起、处理一起的方式，部分人仍存有侥幸心理。建筑产业互联网平台基于大数据、移动互联网等技术，可以形成一套基于数据的信用评价体系，工程建造资源（服务）提供方以及服务需求方的信用将可计算，交易风险得以降低，可以有效规范交易市场，保障各方的权益，从制度上提高失信者的机会成本。同时，还可搭建公共联合征信系统平台，在法律制度规范下开放和共享特定的信用信息，助推各社会主体向信用主体发展，促进平台业态健康发展。

（5）信息协调

信息协调能够有效解决建筑产业互联网平台运行和治理过程中的信息不对称问题。一方面，政府主管部门需要与平台共同建立数据联通机制，通过共建数据库等方式在平台与政府这两座“数据孤岛”之间搭建沟通的桥梁，在此基础上，政府可通过信用信息等基础数据库的开放为平台内部治理空间赋能。另一方面，在平台系统内部，平台运营方通过正确使用大数据、深度学习等技术手段，实时抓取、分析、整合、公开数据与信息资源，传递到建筑产业互联网的各个参与主体当中，实现平台资源的高效匹配。通过构建良好的信息交流渠道，打破传统管理模式下信息传递的种种壁垒，提高建筑产业互联网平台参与主体间的信息利用程度。在建筑产业互联网平台背景下，平台参与主体都是数据的生产者和传播者，构建程序化、制度化的数据交互机制和多元化的沟通、反馈渠道，有助于协调多元主体之间的利益冲突，进而在治理行为上与治理目标保持一致，从而提升治理效能。

### 3. 数字技术

新兴数字技术的应用为建筑产业互联网平台治理提供了新的治理思路，通过充分利用物联网、大数据、人工智能、区块链等数字技术赋能平台治理，实现动态监管，从而让整个平台的运作变得更为高效，推动建筑产业互联网健康发展。例如运用物联网和工程大数据技术对从业人员数据、工程项目数据、信用数据等进行有效集成，提炼输出有用的知识，促进数据进一步增值；人工智能技术为工程建造服务的查询、匹配与监控等提供基础，实现建造资源的共享与整合，为特定工程建造场景提供软件算法等决策分析工具与建议，协助建造过程更加科学智能；区块链技术具有去中心化、可溯源性等特点，能够解决工程建造服务交易过程中各参与主体之间的不信任以及纠纷问题，实现轻松举证与追责。以下内容将以区块链技术为例，阐述基于区块链的建筑产业工人服务平台治理。

建筑产业工人服务平台底层基于区块链的联盟链架构体系，每一个联盟链节点都是一个区域数据中心，各地企业和项目方等组织作为联盟链节点经过管理节点验证加入区域系统。节点数据向平台上传后需要进行数据同步和有效性验证，实现数据的共享、可信认证与溯源。平台底层治理逻辑包含联盟链上节点背书的信任机制、共识验证的协调机制与基于智能合约的契约治理机制。行政主管部门、建筑承包商、劳务分包商等建筑劳动力市场参与者共同建立维护一个区块链来记录建筑工人相关信息。每个建筑工人可以在区块链上获得数字身份，每项任务都与智能合约相关联，合约对建造活动的进度、质量以及建筑工人的权责进行规范。当工人完成一项任务并在智能合约中得到确认后，将会根据相关规范启动验收步骤，随后，智能合约将自动完成薪资发放。这意味着建筑产业工人服务平台服务生态系统具有多方共治的特征，即系统内部具有共治共创的制度逻辑，依据具体的服务需求与特定场景可能出现个性化的规则设置。

为了使平台持续发展，应以平台社会功能的发挥助推主流意识形态的建设，充分发挥政府、平台运营方、平台交易方、公众及社会组织的协同作用，形成上下联动、多方参与的共治格局。同时，既要在充分尊重建筑产业互联网平台的市场主体地位，促进建筑业蓬勃发展的基础上强化监管、规范行为，更要鼓励平台积极承担主体责任，积极参与建筑产业生态治理，更好地促进建筑产业互联网平台经济效益与社会效益相统一。

## 本章小结

建筑产业互联网平台通过网络将建筑市场中的供给端和需求端连接在一起，实现了资源的交换与优化配置。随着信息不对称、数据争议等问题的突出，平台治理的复杂性进一步提升，加强了平台治理的必要性与紧迫性。建筑产业互联网平台治理是指为构建有序发展的平台生态系统，充分整合行业内各类资源，由政府、平台运营方、平台交易方、公众及社会组织等共同参与，通过法律、制度、技术等为治理手段，对平台生态系统中各类规范和参与者行为进行规范与管理。平台治理的关键议题涉及数据治理、隐私保护、市场交易监管和垄断竞争四个方面，治理模式包括内部治理、外部治理和协同治理。

在建筑产业互联网平台的多元共治格局中，各参与方需清晰分工，充分承担责任和义务。政府应充分发挥作用，领导参与平台治理的多元主体；平台运营方应通过技术创新与规则完善，关注平台信息的真实性和透明性，确保平台稳定运营；平台交易方应遵守诚实守信的原则，履行合同义务，在资质认证许可范围内进行建筑活动；公众及社会组织应合理利用平台资源，监督平台合规性并积极反馈，促进平台良性发展。针对建筑产业互联网平台治理的关键议题，需要各方共同努力，选择合适的平台治理模式，充分发挥行政手段、市场手段和技术手段在建筑产业互联网平台治理中的作用，从而保障建筑产业互联网平台的稳定运行。

## 思考题

1. 简述建筑产业互联网平台治理的概念。

2. 简述建筑产业互联网平台的多元治理格局中的主体，并结合实际工程项目，举例说明各治理主体的作用。

3. 在建筑产业互联网平台治理的关键议题中，谈谈你对数据治理路径的理解，以及如何在工程项目中应用？

4. 请简要分析行政手段、市场手段、技术手段在建筑产业互联网平台治理中的作用。

# 参考文献


[1] 刘向向."互联网+"对公司战略变革的影响分析[D]. 郑州：河南大学，2017.

[2] 蒋敏辉. 产业互联网推进钢铁供应链绿色发展[J]. 冶金经济与管理，2023(2)：32-35.

[3] 冯希叶. 信息技术类专业知识理论[M]. 成都：电子科技大学出版社，2015.

[4] 陈珂，杜鹏，方伟立，等. 我国建筑业数字化转型：内涵、参与主体和政策工具[J]. 土木工程与管理学报，2021，38(4)：23-29.

[5] 黄奇帆，朱岩，王铁宏，等. 中国建筑产业数字化转型发展研究报告[M]. 北京：中国建筑工业出版社，2022.

[6] 黄奇帆. 双循环下建筑产业数字化发展的思考[J]. 中国勘察设计，2021(12)：43-45.

[7] 彭波，王卫峰，胡继强，等. 建筑产业互联网发展现状与对策[J]. 建筑经济，2023，44(2)：14-20.

[8] 王思思. 数字经济背景下"互联网平台"法律概念界定[J]. 现代营销(下旬刊)，2023(4)：152-154.

[9] 工业互联网产业联盟. 工业互联网体系架构[M]. 北京：电子工业出版社，2019.

[10] 刘默，张田. 工业互联网产业发展综述[J]. 电信网技术，2017(11)：26-29.

[11] 吴文君，姚海鹏，黄韬，等. 未来网络与工业互联网发展综述[J]. 北京工业大学学报，2017，43(2)：163-172.

[12] 赵敏，朱铎先，刘俊艳. 人本：从工业互联网走向数字文明[M]. 北京：机械工业出版社，2023.

[13] 余晓晖，刘默，蒋昕昊，等. 工业互联网体系架构 2.0[J]. 计算机集成制造系统，2019，25(12)：2983-2996.

[14] 刘绍荣，夏宁敏，唐欢，等. 平台型组织[M]. 北京：中信出版社，2019.

[15] 陆飞澎，李伯鸣，王燕灵. 建筑产业互联网平台构建探究[J]. 建筑，2022(2)：75-77.

[16] 中国信息通信研究院. 物联网白皮书[R]. 2022.

[17] 中华人民共和国住房和城乡建设部. 智能建筑设计标准：GB 50314—2015 [S]. 北京：中国计划出版社，2015.

[18] 李铭岩，谭凯，焦宗双. 我国工业互联网标识生态发展研究[J]. 邮电设计技术，2022(10)：53-58.

[19] 万佳艺，张丹桐，张信璘，等. 工业互联网标识解析在建材行业的应用探索[J]. 中国建材，2021(9)：114-117.

[20] 喻悦. 探索"标识+建材"应用助力行业转型升级[N]. 中国建材报，2020-09-07(004).

[21] 张为港. 论应用区块链技术对装配式建筑发展的影响[J]. 中国市场，2023(10)：194-196.

[22] 丁烈云. 建造平台化[J]. 施工企业管理，2022(10)：81-85.

[23] 中国信息通信研究院. 大数据白皮书[R]. 2023.

[24] 丁烈云. 大数据驱动的工程决策[J]. 施工企业管理，2022(7)：88-91.

[25] 中国信息通信研究院. 云计算白皮书[R]. 2022.

[26] 施巍松，张星洲，王一帆，等. 边缘计算：现状与展望[J]. 计算机研究与发展，2019，56(1)：69-89.

[27] 袁俊球，周斌，严向东. 边缘计算方法在建筑工程实践的应用[J]. 工业建筑，2022，52(7)：238.

[28] 孙丽娜. BIM 技术在建筑运维中的应用[J]. 佛山陶瓷，2023，33(3)：57-59.

[29] 王浩光 . BIM 技术在建筑结构设计中的应用[J]. 散装水泥，2023(3)：78-80.

[30] 封小艳，顾子臣 . 住宅建筑工程施工中 BIM 技术的运用[J]. 居舍，2023(6)：40-43.

[31] 马晓斌 . BIM 技术在房屋建筑工程施工中的应用探究[J]. 智能建筑与智慧城市，2023(5)：86-88.

[32] 李彤，赵艺杰，杨钰路 . 浅谈人机交互技术的发展[J]. 中外企业家，2020(11)：151.

[33] 郭红领，马羚，叶啸天，等 . 人机迫近交互下智能施工机械安全运行决策方法[J]. 土木工程学报，2022，55(5)：107-115，128.

[34] 张发，王文明 . 增强现实技术在建筑设计中的应用[J]. 建筑科学，2023，39(3)：186.

[35] 管磊 . VR 技术在建筑行业的应用优势[J]. 建筑，2023(5)：139-141.

[36] 张栋樑，王永志，廖少明，等 . 土木工程数字孪生建造技术研究进展[J]. 施工技术(中英文)，2023，52(5)：1-12.

[37] 袁梦琦 . 基于建筑领域的数字孪生应用研究[J]. 住宅与房地产，2022(33)：40-43.

[38] 盛达，钟波涛，骆汉宾 . 基于区块链的建筑产业工人信息管理框架研究[J]. 建筑经济，2021，42(10)：89-94.

[39] 刘雪妮 . 基于物联网技术的智慧劳务管理系统研究[J]. 河南科技，2022，41(2)：14-18.

[40] 张玉贵 . 建筑产业工人培育路径探究[J]. 施工企业管理，2021(3)：67-69，6.

[41] 杨宝明 . 施工企业集采电商平台热的冷思考[J]. 施工企业管理，2016(10)：27-29.

[42] 易钢，王新建，高洋，等 . 搭建建筑企业采购供应生态圈——中铁鲁班线上一体化采购管控平台建设[J]. 施工企业管理，2022(4)：97-100.

[43] 鲍刚，张磊，谢兆海 . 发挥供应链金融在建筑业融资中的作用[J]. 中国银行业，2021(8)：72-74.

[44] 杨铭 . 供应链金融中核心企业的作用及风险分析[J]. 中国商论，2019(14)：53-54.

[45] 田华，梁俊 . 在线供应链金融服务实体经济的路径[J]. 中国外汇，2019(8)：58-60.

[46] 张竞文 . 保兑仓的案例分析及基础理论研究[J]. 法制博览，2022(27)：52-54.

[47] 郭宝合 . 信用证融资法律问题研究[D]. 上海：上海交通大学，2009.

[48] 严涛 . 钢贸企业基于供应链金融下的预付款融资交易模式浅析[J]. 铁路采购与物流，2017，12(11)：28-30.

[49] 吴达鹏 . 福建省市政工程施工企业供应链融资模式构建研究[D]. 福州：闽江学院，2022.

[50] 董捷 . 中小企业信用风险评价及其方法——基于应收账款融资模式的分析[J]. 江汉论坛，2022(3)：22-28.

[51] 张丽，张晗 . 面向科技创新与战略决策的交通行业知识服务平台建设[J]. 数字图书馆论坛，2020(5)：16-22.

[52] 杨锐，陈伟，张敏，等 . 大数据视角下科技信息知识服务平台研究应用——以能源领域为例[J]. 科技管理研究，2022，42(9)：168-173.

[53] 建设部建筑市场管理司. 加强信用平台建设，完善建筑市场监管，促进行业健康发展[J]. 中国建设信息，2008(2)：6-10.

[54] 周祖禹 . 深圳市建筑工地智慧监管平台的建设与实践[D]. 广州：华南理工大学，2019.

[55] 丁烈云 . 数字建造导论[M]. 北京：中国建筑工业出版社，2020.

[56] 邱洁威 . 国外商业模式理论研究综述(1929～1999 年)[J]. 福建论坛(社科教育版)，2010(8)：49-53.

[57] 成文，王迎军，高嘉勇，等 . 商业模式理论演化述评[J]. 管理学报，2014，11(3)：462-468.

[58] 原磊 . 国外商业模式理论研究评介[J]. 外国经济与管理，2007(10)：17-25.

[59] Stewart D W，Zhao Q. Internet marketing，business models，and public policy[J]. Journal of Public Policy & Marketing，2000，19(2)：287-296.

[60] Afuah A，Tucci C. Internet business models and strategies：text and cases[M]. Boston：McGraw-

Hill/Irwin，2001.

[61] Amit R，Zott C. Value creation in E-Business[J]. Strategic Management Journal，2001，22(6/7)：493-520.

[62] Joan M. Why business models matter [J]. Harvard Business Review，2002，80(5)：86-133.

[63] Porter，M. E. What is strategy? [J]. Harvard Business Review，1996(6)：61-78.

[64] Chesbrough H，Rosenbloom R S. The role of the business model in capturing value from innovation：evidence from Xerox Corporation′s technology spin-off companies[J]. Industrial and Corporate Change，2002，11(3)：529-555.

[65] 博西迪．转型：用对策略，做对事[M]. 曹建海，译. 北京：中信出版社，2005.

[66] Zott C，Amit R，Massa L. The business model：Recent developments and future research [J]. Journal of Management，2011，37(4)：1019-1042.

[67] Osterwalder A. The business model ontology：A proposition in a design science approach[J]. Universite de Lausanne，2004：23-39.

[68] 王先甲，袁睢秋，林镇周．建筑企业商业模式创新理论研究综述[J]. 水利与建筑工程学报，2019，17(1)：1-12.

[69] 李巍．中国制造型企业商业模式创新研究[M]. 北京：中国社会科学出版社，2018.

[70] 叶浩文，马瑞江，黄立高，等．建筑产业互联网的可持续商业模式研究[J]. 建筑，2021(20)：38-42.

[71] 谢卫红，刘晨露，李忠顺，等．数字商业生态系统：知识结构及热点分析[J]. 科技管理研究，2022，42(9)：203-214.

[72] 郭建峰，王莫愁，刘启雷．数字赋能企业商业生态系统跃迁升级的机理及路径研究[J]. 技术经济，2022，41(10)：138-148.

[73] 肖红军，阳镇．平台型企业社会责任治理：理论分野与研究展望[J]. 西安交通大学学报(社会科学版)，2020，40(1)：57-68.

[74] Gawer A. Bridging differing perspectives on technological platforms：toward an integrative framework[J]. Research Policy，2014，43(7)：1239-1249.

[75] Jacobides M G，Cennamo C，Gawer A. Towards a theory of ecosystems [J]. Strategic Management Journal，2018，39 (8)：2255-2276.

[76] 左文明，丘心心．工业互联网产业集群生态系统构建——基于文本挖掘的质性研究[J]. 科技进步与对策，2022，39(5)：83-93.

[77] 高举红，武凯，王璐．平台供应链生态系统形成动因及价值共创影响因素分析[J]. 供应链管理，2021，2(6)：20-30.

[78] 杨红燕．基于产业价值链重构的战略性新兴产业创新生态系统演化机理研究[J]. 中阿科技论坛(中英文)，2022，40(6)：34-39.

[79] 董华，赵宁．数字化技术驱动建筑项目全生命周期价值共创路径研究[J]. 建筑经济，2022，43(10)：74-80.

[80] 李建伟，王伟进．社会治理的演变规律与我国社会治理现代化[J]. 管理世界，2022，38(9)：1-15，62.

[81] 林炊利．核心利益相关者参与公办高校内部决策的研究[D]. 上海：华东师范大学，2013.

[82] 范如国．平台技术赋能、公共博弈与复杂适应性治理[J]. 中国社会科学，2021(12)：131-152，202.

[83] Iansiti M，Levien R. Strategy as ecology[J]. Harvard Business Review，2004，82(3)：68-78.

[84] Eisenmann T，Parker G，Alstyne M W V. Strategies for two-sided markets[J]. Harvard Business

Review，2006，84(10)：92-101，149.
[85] Evans D S. Governing bad behavior by users of multi-sided platforms[J]. Social Science Electronic Publishing，2012，41(11)：2119-2137.
[86] Ceccagnoli M，Forman C，Huang P，et al. Cocreation of value in a platform ecosystem：the case of enterprise software[J]. MIS Quarterly，2012，36(1)：263-290.
[87] Nambisan S，Robert A，Baron. Entrepreneurship in innovation ecosystems：Entrepreneurs' self-regulatory processes and their implications for new venture success[J]. Entrepreneurship Theory and Practice，2013(5)：1071 -1097.
[88] Parker G，Alstyne M V. Innovation，openness，and platform control[J]. Management Science，2018，64(7)：3015-3032.
[89] 李志刚，李瑞．共享型互联网平台的治理框架与完善路径——基于协同创新理论视角[J]. 学习与实践，2021(4)：76-83.
[90] 《学术前沿》编者．数字经济时代的互联网平台治理[J]. 人民论坛・学术前沿，2021(21)：14-15.
[91] 尹晓娟．互联网时代网络交易平台治理研究[J]. 商业经济研究，2020(23)：88-92.
[92] 黄璜．平台驱动的数字政府：能力、转型与现代化[J]. 电子政务，2020(7)：2-30.
[93] 申铁军．交通新基建背景下区块链技术的应用分析[J]. 青海交通科技，2022，34(2)：5-11.
[94] 中国信息通信研究院．互联网平台治理研究报告[R]. 2019.
[95] 魏小雨．互联网平台信息管理主体责任的生态化治理模式[J]. 电子政务，2021(10)：105-115.
[96] 李韬，冯贺霞．数字治理的多维视角、科学内涵与基本要素[J]. 南京大学学报(哲学・人文科学・社会科学)，2022，59(1)：70-79，157-158.
[97] 李文冰，张雷，王牧耕．互联网平台的复合角色与多元共治：一个分析框架[J]. 浙江学刊，2022(3)：127-133.
[98] 蒋慧．数字经济时代平台治理的困境及其法治化出路[J]. 法商研究，2022，39(6)：31-44.
[99] 孙建荣．基于区块链技术的建筑市场诚信管理平台构建[J]. 建筑经济，2020，41(7)：112-117.
[100] 梁正，余振，宋琦．人工智能应用背景下的平台治理：核心议题、转型挑战与体系构建[J]. 经济社会体制比较，2020(3)：67-75.
[101] 吕洪珏，陈志勇．互联网超级平台的意识形态风险及其治理[J]. 厦门特区党校学报，2022(5)：25-30.
[102] 许宪春，张钟文，胡亚茹．数据资产统计与核算问题研究[J]. 管理世界，2022，38(2)：16-30，2.
[103] 张雅琪，赵震．2018 年上半年互联网行业发展态势分析[J]. 信息通信技术与政策，2018(11)：73-75.
[104] 李锋，周舟．数据治理与平台型政府建设——大数据驱动的政府治理方式变革[J]. 南京大学学报(哲学・人文科学・社会科学)，2021，58(4)：53-61.
[105] 朱华．面向建筑行业数据治理框架设计与评价研究[D]. 重庆：重庆大学，2021.
[106] 魏津瑜，马骏．数据治理视角下的工业互联网发展对策研究[J]. 科学管理研究，2020，38(6)：58-63.
[107] 宋瑞娟．大数据时代我国网络安全治理：特征、挑战及应对[J]. 中州学刊，2021(11)：162-167.
[108] 张晶．数字经济视域下征信数据治理的趋势与机制[J]. 征信，2023，41(2)：35-39.
[109] 张康之．数据治理：认识与建构的向度[J]. 电子政务，2018(1)：2-13.
[110] 明欣，安小米，宋刚．智慧城市背景下的数据治理框架研究[J]. 电子政务，2018(8)：27-37.
[111] 宋懿，安小米，马广惠．美英澳政府大数据治理能力研究——基于大数据政策的内容分析[J]. 情报资料工作，2018(1)：12-20.

[112] 张建平，林佳瑞，胡振中，等．数字化驱动智能建造[J]. 建筑技术，2022，53(11)：1566-1571.
[113] 中国信息通信研究院．数据治理研究报告[R]. 2020.
[114] 陈春潮，沈费伟，王江红．新型智慧城市的整体智治路径研究：基于情境-结构-行为的视角剖析[J]. 长白学刊，2023(4)：69-80.
[115] Wahyudi A，Kuk G，Janssen M. A process pattern model for tackling and improving big data quality[J]. Information Systems Frontiers，2018，20(3)：457-469.
[116] 黄子晖．浅析 BIM 数据管理及数据资产交易机制[C]//中国图学学会建筑信息模型(BIM)专业委员会．第八届全国 BIM 学术会议论文集，2022：398-402.
[117] 袁馨琪．基于区块链的建筑产业工人信息管理研究[D]. 武汉：华中科技大学，2022.
[118] 王招治，林寿富，杨成平．数字经济下的平台垄断：生成逻辑、风险辨识与治理路径[J]. 经济研究参考，2022(11)：94-107.
[119] 马丽．网络交易平台治理研究[D]. 北京：中共中央党校，2020.
[120] 冉从敬，刘妍．数据主权视野下平台治理的动力逻辑、模式选择与重构路径[J]. 中国图书馆学报，2023.
[121] 吴方程．网络信息内容的平台治理研究[D]. 北京：中共中央党校，2021.
[122] 孙晋，蔡倩梦．公平竞争原则下数字平台治理的规则补正[J]. 财经法学，2023(1)：48-60.
[123] 徐敬宏，胡世明．5G 时代互联网平台治理的现状、热点与体系构建[J]. 西南民族大学学报(人文社会科学版)，2022，43(3)：144-150.
[124] 中华人民共和国建筑法[J]. 中华人民共和国国务院公报，1997(34)：1493-1505.
[125] 张劲楠，宋刚．建筑工程市场准入制度研究[J]. 学术探索，2017(8)：102-107.
[126] 张玮斌．勘察设计企业数据资产的若干问题思考[J]. 中国勘察设计，2022(10)：73-77.
[127] 陈建．数字化技术赋能环境治理现代化的路径优化[J]. 哈尔滨工业大学学报(社会科学版)，2023，25(2)：80-90.